# 趣味化学

〔法〕法布尔 著

余杰 编译

天津出版传媒集团

天津人民出版社

图书在版编目（CIP）数据

趣味化学 / ( 法 ) 法布尔著 ; 余杰编译 . -- 天津 : 天津人民出版社 , 2018.6 ( 2021.7 重印 )
( 趣味科学丛书 )
ISBN 978-7-201-13195-5

Ⅰ . ①趣… Ⅱ . ①法… ②余… Ⅲ . ①化学–普及读物 Ⅳ . ① O6-49

中国版本图书馆 CIP 数据核字 (2018) 第 067976 号

**趣味化学**
QUWEI HUAXUE

出　　版　天津人民出版社
出 版 人　刘　庆
地　　址　天津市和平区西康路35号康岳大厦
邮政编码　300051
邮购电话　（022）23332469
电子邮箱　reader@tjrmcbs.com

责任编辑　李　荣
装帧设计　同人阁文化传媒

制版印刷　香河县宏润印刷有限公司
经　　销　新华书店
开　　本　710毫米×1000毫米　1/16
印　　张　13.5
字　　数　194千字
版次印次　2018年6月第1版　2021年7月第2次印刷
定　　价　49.80元

# 序　言

法布尔

法布尔（Jean-Henri Casimir Fabre，1823.12.22—1915.10.11）出生于法国南部阿韦龙省，在幼时一直跟随祖父母生活，7岁时步入小学，但又因为种种原因离开了小学，辗转来到了图卢兹。

虽然童年的求学路十分坎坷，法布尔还是坚持着自己的爱好和兴趣，并且追随着自己对自然和动植物的热爱，走上了探索自然、探索未知世界的道路，并最终成为一位伟大的博物学家，在化学、植物学、昆虫学、物理学方面都颇有成就，还写下了《昆虫记》这样一本大受好评的传世之作。

当然，他的兴趣和爱好以及成就不局限于自然以及动植物，在物理学、数学、绘画艺术等方面都有不错的成就，并且除了法语外还精通希腊语和拉丁语，领域之广令人叹服。这本《趣味化学》就是他在化学方面的一大成就。

# 目　录

# 第1章

# 一切的开始

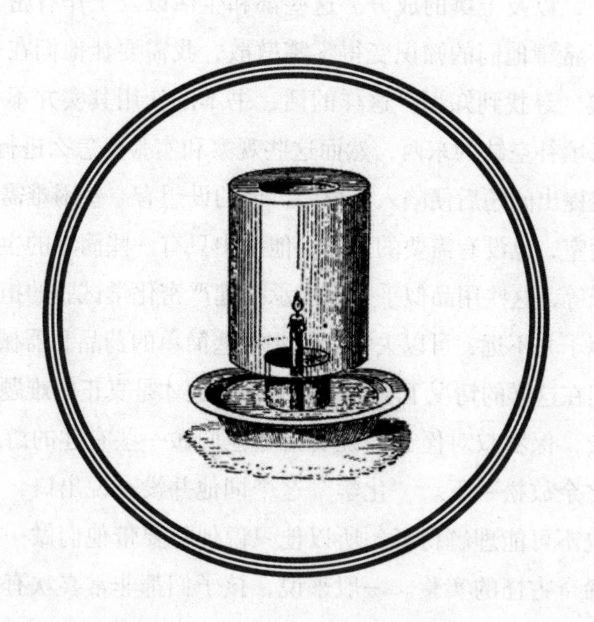

在我认识的人中，有一位名叫保罗，我一般称他为保罗叔。他和他的两个侄子——爱弥儿和喻儿一起居住在乡下，浇浇花，种种菜，生活倒也惬意。他的两个侄子都很热爱学习，尤其是年长一些的喻儿，他甚至认为，如果自己在数学和语文方面有了一些基础，那之后大可以不去学校读书，因为从学校学来的知识是有限的。除此之外，保罗叔也非常支持他们的想法，尽力满足他们的求知欲，他认为，在生命这场战争中，智力是最好的武器。

保罗叔认为化学是最能被应用在实际生活中的科学，于是最近几天他便一直在谋划着这件事，打算将一些化学知识教给侄子们。

“他们将来会成为什么样的人呢？农夫？工人？机械师？这个我不能得知。不过，有一件事是非常确定的，他们必须能将自己的事业了解透彻，知道自己做的是什么，原理又是什么。”保罗叔给自己提出了问题，“这就需要他们有一些知识储备。我的侄子们需要知道，水是什么，空气是什么，呼吸的意义何在，木柴燃烧的原因，植物生存的必需营养是什么，以及土壤的成分。这些都和生活以及工作有密不可分的联系。我可不希望他们的知识变得零零散散，我需要让他们在自己的观察中得出经验，寻找到知识。这样的话，书本的作用其实并不大，只不过是一种用来填补空缺的东西，然而这些观察和实验要怎么进行呢？”

保罗叔提出问题后便陷入了思考。他的设想有一些困难需要克服，比如没有实验室，也没有需要的仪器。他手中只有一些简单的生活用品，比如瓶子罐子等，这些用品似乎并不能承担起严密化学试验的担子。虽然说他们距离镇子并不远，可以去镇上购买一些简单的药品和器械，但是，如何让侄子们在这样的情况下学到化学知识，这才是真正的难题。

有一天，保罗叔对侄子们说要指导他们做一些有趣的游戏，让他们能在功课之余放松一下。“化学”这个词他并没有说出口，毕竟就算说了侄子们也不可能理解得了，所以他只说他将要带他们做一些好玩的游戏，以及稀奇古怪的实验。一般来说，孩子们都非常喜欢有趣的东西，他的侄子也不例外，听到保罗叔的邀请后都非常兴奋。

“我们什么时候开始呢？”两个侄子问道。

“五分钟后吧，让我先去准备一下。”保罗叔回答道。

# 第2章

# 混合，化合

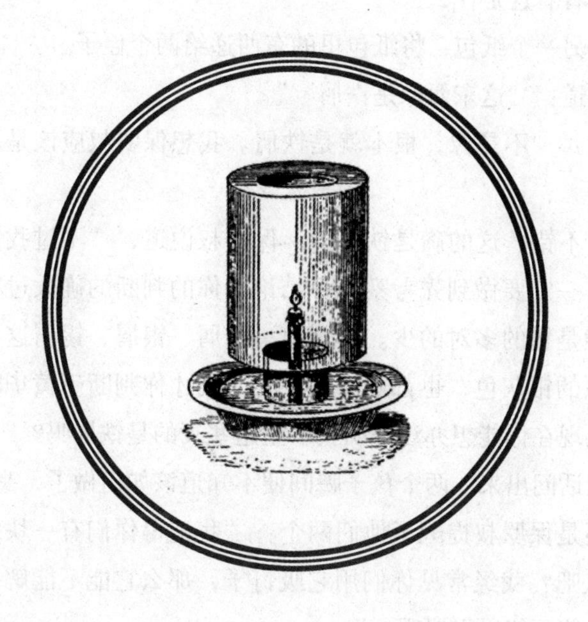

保罗叔需要准备时间。他先是去了邻居锁匠家，从锁匠的工作台上取了一些什么东西，之后又去了药店，买了一些什么东西，最后将这些都用纸包好，回到了自己的家中。

他打开其中的一个纸包，问道："看呐，这是什么？"

爱弥儿看了一眼后道："黄的粉末……并且在手指间揉搓会发出微小声音……我想应该是硫黄吧。"

喻儿道："没错，应该就是硫黄。"他说完这句话，便跑到厨房取了一块燃烧着的炭，在上边洒了一些保罗叔拿来的黄色粉末。这些黄色粉末被点燃了，发出蓝色的火焰，并且有一股硫黄火柴燃烧般的刺鼻气味。

喻儿笑道："燃烧时发出蓝色火焰，并且有刺激性气味，是硫黄无误。"

保罗叔说道："你说的很对，不过这些是细粉末，名叫硫黄华。那么，现在再看看这是什么？"

他打开另一个纸包，将纸包里的东西递给两个侄子。

爱弥儿道："这东西像是铁屑。"

喻儿道："不是像，根本就是铁屑。我想保罗叔应该是从锁匠那里取来的。"

"猜得不错，这的确是铁屑。"保罗叔说道，"不过我们在研究问题的时候，一定要做到先考察再下结论，你的判断的确太过草率，这样的判断只能是错的多对的少。要知道，铅屑、银屑、锡屑这些都和铁屑有着相类似的银灰色，也都能闪闪发光。刚才你判断硫黄华时用点燃来证明，那么现在你能想办法证明我手里这些真的是铁屑吗？"

这一句话问出来，两个孩子瞬间便不知道该如何做了，毫无头绪。

最后还是保罗叔提醒了他们两个："我记得你们有一块每天都在玩的蹄形磁铁吧？我经常见你们用它吸钉子，那么它能不能解决问题呢？想一想，它能不能吸引铅呢？"

喻儿回答道："不能。虽然连重一点的小刀都能吸，但是却不能吸铅。"

“那么，锡呢？”

“也不能。”

“银和铜呢？”

“同样不能……啊，我明白了！用这个方法应该就能……”

他飞快地跑到了楼上，将那块蹄形磁铁取了来，并拿着它靠近保罗叔手中的粉末。果然，磁铁一靠近粉末，粉末就立即被吸附了起来，就像一根根闪亮的胡须。他非常兴奋地叫道：“看呐，这些粉末被吸起来了！这下总能证明它是铁屑了！”

保罗叔非常满意地点了点头：“没错，这些的确是铁屑，并且正如你们所料，它们的确是我从锁匠那里取来的。那么，既然我们确定了这两种物质是什么，那么我们就可以从事一些有趣的研究了。仔细看着。”

他说完便将两种粉末混合了起来，放在了另一张纸上。

他问：“这纸上放着什么？”

喻儿回答道：“这是硫黄和铁屑混合起来的东西。”

“你说的没错，这种混合起来的东西叫作混合物。”保罗叔解释道，“那么，你们能够分辨出混合物中的两种成分吗？”

爱弥儿看了一眼这些粉末后说道：“这并不难，这些黄颜色的是硫黄，闪闪发亮的是铁屑。”

“这的确没错，但是能够将它们分开么？”

“这个……我想只要能多花一些时间，肯定是能完成的。我可以用针尖将它们一点点拣开，但是这的确很麻烦，估计我坚持不到完全分开它们的那一刻。”

“这话一点不错，如果用这种方法分开它们的话，的确需要付出很大的努力，就算很有耐性也不一定能成功。这些混合物已经是灰黄色的了，眼力不够手指不熟练的人还真的不太好用你说的方法，但是，我可以说，将它们分开这件事是可以办到的，还有别的简单的方法。”

喻儿忽然道：“我明白了！”

他说着便将磁铁的两端靠近了混合物。

爱弥儿说道："其实只要再过一会儿我也能想出这个办法，刚才叔父已经提到了磁铁，我认为我想出这个主意并不会太久。"

保罗叔道："只要能够想出问题的答案就是好的，当然，立即想出来的话就更好了。你现在也别着急，马上你就能够跟他比试一番了……现在先来看看他这个方法的效果如何。"

喻儿继续做着他的工作，混合物中的金属颗粒都被磁铁吸附了起来，形成了如同刺猬的刺一般的形状，而硫黄则留在了纸上。

喻儿颇为得意地笑道："这种方法还算不错！十分钟左右就能把它们完全分离了。"

保罗叔示意喻儿停止用磁铁去吸，并将被吸走的铁屑放回，然后说道："可以了，停下来吧。这个方法很不错，更加简单有效。但是，磁铁并不是人人都有的东西，如果一个人手头没有磁铁，那么他要如何将硫黄和铁屑分开呢？仔细想一想，铁和硫黄哪个更重些呢？"

两个孩子不约而同地回答："铁更重一些。"

"既然铁更重，那么将它放到水里会怎样？"

"会沉底。"

"那么将硫黄放到水里会怎样？当然，我指的是这种粉末状的硫黄华，不是大块的硫黄……"

爱弥儿害怕被哥哥抢了先，于是急忙说道："我懂了！如果将混合物倒进水里，那么铁屑就会沉底，而硫黄会……呃……"

保罗叔见喻儿似乎是想要说话，于是便笑着阻止了他："喻儿，让你弟弟说吧。"

爱弥儿红着脸道："硫黄……硫黄应该会浮在水面上……或者会沉入水底，但是并不像铁屑那么快。"

保罗叔赞许地道："我刚才就说过，你很快就能和你的哥哥比试一番了，现在不就已经如此了吗？你的想法很不错，吞吞吐吐的原因是你对硫黄华这种物质的状态并不了解。我现在就做一个实验，你们就能清楚了。"

说完，他便取来了一大杯水，并将一把混合物撒了进去，用木条不断搅动，直至水完全运动起来后他才停下了搅动，慢慢等待。过了一会儿之后，铁屑果然是沉入了水底，但是硫黄华却仍然在水中来回移动。保罗叔将水倒进一个杯子，又过了一段时间后，发现水已经静止了，但是硫黄华却还是没有沉底，还在水里悬浮着。于是硫黄华就和铁屑分开了，铁屑被留在了第一个杯子中，硫黄华则在第二个杯子中。

保罗叔对两个侄子说道："看，这就是结果了。这种方法达到的效果和用磁铁是一样的，只不过需要的东西却非常容易得到。那么现在你们应该能知道这种方法能将混合物分开了，不过由于我们下一步并不需要分开它们，所以现在就让它们混合着吧。总结一下：两种或者多种不同物质混合在一起后名叫混合物，而混合物可以用简单的方法拆分各种物质，就比如眼前的这种混合物，磁铁、水或者挑挑拣拣都能够把它们分开。那么好，现在我们来做另外一种实验。"

保罗叔将混合物装到一个面盆中，然后加了少量的水将混合物做成糊状。他把糊状的东西放进一个无色广口玻璃瓶，然后又用阳光去照射。据他的推测，在这炎热的夏天，得到结果的过程并不会太长。

他对两个侄子说道："现在要仔细观察，因为马上就会出现奇怪的事情了。"

两个孩子听到他的这番话，都目不转睛地盯着，非常急切地想要做成他们的第一个化学实验。他们不知道这个瓶子里到底会有什么样的事情发生。

时间慢慢过去，不到一刻钟的功夫，变化开始发生了。瓶子里本来是灰黄色的混合物，但是现在却逐渐变成黑色，最后成为煤烟的颜色。伴随着呲呲的响声，瓶口开始冒出水汽，并且那些黑色物质中有一些像是被什么挤压了似的冲出了瓶口。

看到这种情形后的保罗叔开口说话了："喻儿，你去拿一拿这个瓶子，看看会有什么后果？"

喻儿莫名其妙地走了过去，好奇地拿起了那个瓶子。

"哎！烫！好烫！"喻儿突然大叫道，差一点把瓶子扔了出去。他将瓶子放在地上，像是碰到了热铁块一样抚摸着自己的手。他颇为不解地问保罗叔："叔父，这瓶子为何会烫到一两秒都拿不住呢？它并没有在火上烤，而只是放在了太阳底下啊！这样都能烫起来，太出乎意料了。"

爱弥儿听到哥哥这么说，自己也很想试试，于是跑了过去，用指尖碰了碰瓶子，之后才勇敢地握住了它。但是他刚一握住立马就放下了。他的脸上写满了不解和惊奇，毫不清楚这个瓶子为何会无缘无故地发烫。

他想："混合物中除了铁屑和硫黄，剩下的就只有水了。水不是可燃物，不会发热。太阳虽然很热，但是却不会让瓶子变得这么烫吧？到底是为什么呢？"

亲爱的读者们，保罗叔的化学实验会让你们看到很多不可思议的事情，让人们如同进入了新世界一般，眼睛看到的都是奇怪的事物。不过，你大可不必慌乱，只需要自己观察记忆，刚开始觉得奇幻的东西，到后来就会慢慢理解了。

保罗叔说："我们现在得出了结论：瓶子中的物质能够发热，并且温度很高，能让人产生痛感。我们看到的其他现象都是发热带来的结果，混合物中的水已经变成了水汽，就是那些从瓶口逸出的白色雾气。正是由于这水汽，才产生了吡吡的声音以及轻微的爆发。我如果在刚才用更多的混合物做这个实验，得到的结果会让你们更吃惊。"他继续说道："在地上挖一个洞，然后将咱们这种混合物放进洞中，浇上清水，然后用一些泥巴将洞封上，垒成小丘。当里边的物质产生刚才看到的那种变化时，这小球就会和火山一样爆发，四周会震动，泥土会裂出细缝，水汽就从这里跑了出来。这是，我们听到的那种吡吡声会加大，爆发也会更猛烈，如果运气好的话甚至还能看到飞腾的火焰。"

"这种小装置叫作'人造火山'，不过虽然这么叫，但是真正的火山中发生的反应绝对不是这个，二者之间的区别也不是我们现在要讨论的问题。你们可以自己做一个人造火山来玩，不管你们垒起的小丘有多小，总会裂开几条缝，喷出一些水汽的。"

两个孩子听了果然很是兴奋，打算再去锁匠那里取一些铁屑，再买一些硫黄华，在空闲的时间自己试着制作一个人造火山。他们正在讨论这个计划时，那个瓶子中的反应也已经渐渐停止，瓶子也不再那么烫手了。于是保罗叔拿起瓶子，将里边的黑色粉末倒在了纸上，看起来像是一撮煤烟。

他对两个侄儿说道："嘿，你们试试，能否在这些粉末中找到硫黄呢？一小点也行。"

二人马上便找来了一根细针，开始寻找硫黄了。然而找了半天却怎么也找不到哪怕一粒硫黄。

他们很是疑惑："硫黄去了哪里？它们应该还在这堆粉末中才对，我们看到它们被装进瓶子，并且刚才瓶子中的物质也没有丢失。但为什么找不到了？"

喻儿道："可能是变了颜色的原因吧。我们用火来试试，肯定能够找到硫黄。"

他认为他发现了事情的关键，于是到厨房取了一些燃烧的炭，将黑色粉末撒在了上边。但是结果却并不像他想象的那样，不管这块炭被吹得如何赤红，这些黑色粉末始终没有燃烧，自然也没有什么蓝色的火焰。他不可置信地又撒了一点粉末在上边，结果还是如刚才一样。

"这不对呀！"他叫了起来，"明明硫黄就在这些粉末里，但是却无法燃烧！"

爱弥儿补充道："不仅硫黄，原本闪着光的铁屑似乎也不见了，这里只剩下了黑色的粉末……我来试试用磁铁能不能找到铁屑。"

他取出磁铁，开始在黑色粉末上来回移动。但是，磁铁就好像失效了一般，这些黑色粉末并没有被吸引，磁铁的两头也不再出现吸附着的金属颗粒了。

他很有耐心的试了好长时间，最后颇为失望地说道："啊！这可真奇怪！刚才我们明明看到铁屑被放进了瓶子，但是现在好像没有铁屑了。如果我刚才没有亲眼看着，我肯定认为这里边一直都没有铁屑哩。"

喻儿对爱弥儿的说法表示赞同："我也觉得是这样！刚才如果我没

有看到硫黄被混合起来装进了瓶子，我也要说里边一直都没有硫黄。但现在的情况是，里边明明放进去了铁屑和硫黄，但是现在却真的没有这两样东西了。这真让人疑惑。”

保罗叔并没有立即作解释，而是选择让他们两个自己讨论。他原本认为个人的观察所得往往要比别人指导时提供的更加有用，然而他们二人讨论了半天也讨论不出个所以然来，于是保罗叔只好加以指导。

“你们现在能不能分开这两种物质呢？”保罗叔问道。

“做不到了，我们无法找到硫黄和铁屑的痕迹。”两个孩子回答。

“用磁铁试试呢？”

“试过了，磁铁好像失效了，在这些粉末附近什么都吸不起来。”

“那么用水试试呢？”

喻儿说道：“这恐怕也没用吧，我们现在认为这些粉末都是一种物质，应该没有轻重的分别……不过还是试一试为好。”

他说完这句话，便拿来一些清水，将这些黑色粉末放到了水中。之后的情况果然如他所料，这些黑色粉末全都沉在了水底，并没有分开。

保罗叔又道：“也就是说，之前的分离方法并不适用了，并且之前的那两种粉末——铁屑和硫黄华，也已经改变了外观和性质。也就是说，如果事先不知道这种黑色粉末是由铁屑和硫黄华合成的，那么你们并不会认为其中有这两样东西。”

孩子们异口同声：“是的，如果单单只看这黑色粉末，我们绝对想不到它是由铁和硫黄合成的。”

保罗叔点了点头，说道：“我刚才也提到了，这东西的外观已经改变，没有了硫黄的黄色，也没有了铁屑的银灰色，现在只有深黑色。当然，这东西的性质也已经改变，不再能燃烧并发出蓝色火焰和臭气，也不再能被磁铁吸附，于是我们可以很明确地说，这种物质已经不再是铁屑和硫黄了，而是一种新的物质。

“这种物质并非铁屑和硫黄的混合物，因为我们无法用刚才的那些方法找到其中含有的两种成分，并且这种物质的性质也已经千差万别。这种结合，在化学上被称为‘化合’，比‘混合’要联系得更紧密一些。混合能够让被混合的物质保留自己的性质，化合则不同，它会使被化合的物质失去自己的性质，并用一个共有的新性质取代。混合后的物质可以用简单的方法分离，但是化合后的物质却不行，总体来说就是，两种或以上的物质化合后，会生成新的物质。

“这种新物质的性质会变得和原来的性质千差万别，之前没研究过的人，谁能想到可以燃烧的物质会生成不可燃烧的物质呢？谁能想到能被磁铁吸附的东西会生成不能被吸附的东西呢？这些东西都是无法判定的，你们之后会经常看到这种类型的性质改变，比如黑白的颠倒，毒性的失去和获得，甜和苦的转换等等。所以说，在之后遇到这种化合反应的时候，一定要注意化合的结果。

“哦，对了，一般来说化合反应时都会放热，就像刚才我们做的实验那样，我想喻儿对这件事应该会记忆深刻吧。这种放热是普遍现象，有时放出大量的热，有时放出小量的，只能用精密仪器才能测得的热。于是可以得出结论，如果正在发光或者发热，那么经常表示着化合反应正在进行。”

喻儿问保罗叔道：“叔父，按你这么说的话，炉子里烧煤时也是在发生化合反应了？”

“没错。”

“那么，其中一种物质是煤吧？”

“恩，其中一种就是煤。”

“那另一种呢？”

“另一种是看不见摸不着的，它存在于空气中。不过，至于这种物质到底是什么，我们会在以后提到的。”

“那，在灶台中燃烧的柴火呢？”

“也是一样，化合反应的其中一种是柴火，另一种同样在空气中。”

“油灯和蜡烛呢？”

“它们的燃烧同样是化合反应。”

“也就是说，我们每次点火都是开始了一次化合反应咯？”

“你说的没错，你点燃的火能够使两种物质化合。”

“哦！化合反应太有趣了！”

“有趣是肯定的，并且还非常有用。如果没有用处的话，我就不会把这种作用告诉你们了。”

“那么，把这些有趣的事情都告诉我们好不好？”

“当然好了，只要你们用心听，我就会把我知道的全部有趣的事情告诉你们。”

“这个你不用担心，我们会牢记你说给我们的一字一句的。其实，我认为这种功课要比数学和语文好玩多了，对吧爱弥儿？”

爱弥儿表示赞同：“没错没错，我宁愿每天都在学习这种功课。我之后肯定要抛弃掉文法功课，去做人造火山。”

这当然不是保罗叔愿意看到的，他笑道：“不要因为化学而忽略了文法的重要性。文法自有文法的作用，动词的活用看起来很难，但是却无法忽视。要知道，文法可是生活交流的根本啊。好了，现在我们继续谈论化学吧。

“刚才我们提到，化合反应经常伴随着发光、发热、爆炸，也会经常会出现火花，这样的过程发生后，原本的两种物质就会联系非常紧密。打个比方，就好像是这两种物质成亲了一般，而产生的爆炸也好，光热也好，都是婚礼上的祝贺项目，就像是爆竹和彩灯。这种比喻看起来很好笑，但是这非常准确，因为化合反应正是如同成亲一般，将两种物质合成了一种。

“我现在要将铁和硫生成的化合物名字告诉你们了……当然，它不能叫作铁，因为它不是铁了；它也不能叫作硫，因为它也不是硫了；它同样不能叫作混合物，因为它同样不是混合物了。它的名字叫作硫化铁，单看这个名字就能够想象出，它正是铁和硫受到了婚姻约束而结合起来的。”

# 第3章

# 一片面包

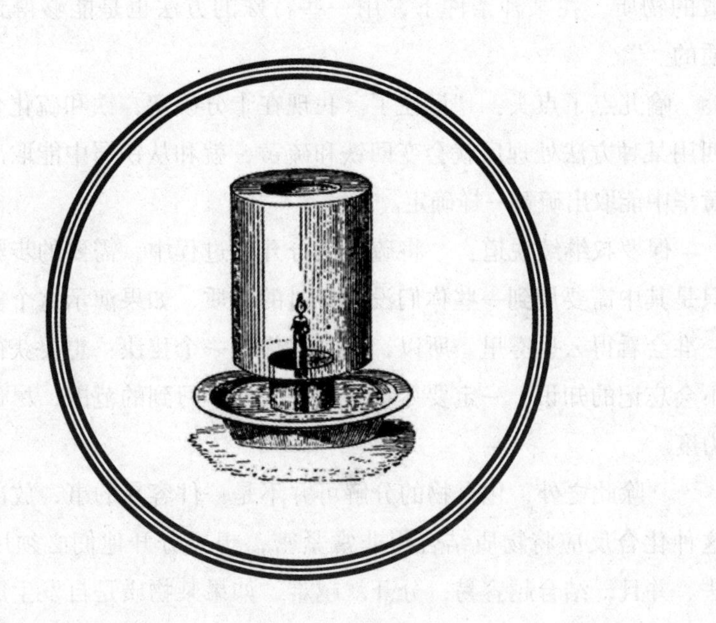

两个孩子按照保罗叔所说的那样制作了一个人造火山，试验了一下后都表示非常满意。泥巴做的小丘散发出了大量热量，并且裂开了很多缝隙，一缕缕水汽从中飘出。地洞中的残余物质经过他们两人的鉴别后被定性为是和叔父弄出来的物质相同的物质。得出这个结论之后，保罗叔才走了过去。

“现在残留在人造火山中的物质正是硫化铁。这是你们亲自制作出来的，所以这个事实的真实性就不容置疑了。不过，事已至此，又有一个新的问题出现了：硫化铁能否恢复原来的性状呢？”还没等孩子们回答，他继续说道：“答案是肯定的，硫化铁的确能够恢复成铁和硫，但是并非挑挑拣拣那么简单。如果想分开化合后的物质，同样需要用到化学范围内的办法，不过鉴于你们现在对化学也只是有了初步认识而已，所以我目前并不打算把这种方法告诉你们。并且，现在这硫化铁也没有分开的必要，毕竟我们现在的目的不是它。我需要你们记住，化合成的物质，在某种条件下，用一些特殊的方法也是能够得到原来的物质的。”

喻儿点了点头：“记住了。我现在十分确定，铁和硫化合生成的东西用某种方法处理后就会变回铁和硫黄，就和从铁屑中能取出铁，从硫黄华中能取出硫黄一样确定。”

保罗叔继续说道：“将硫化铁分开的过程中，需要的步骤并不多，只是其中需要用到一些你们没有见过的物质，如果演示这个实验，你们一准会看得云里雾里。所以，我告诉你们一个秘诀：想要获得实在的，不会忘记的知识，一定要尽量缩小一次性学习到的范围，尽量增加观察力度。

“除此之外，化合物的分解可并不是一件容易的事，放出光和热的这种化合反应将物质结合得非常紧密，想要分开他们必须用科学的方法。并且，结合越容易，分开就越难，如果某物质是自发生成，那么分解它就非常难了。就按刚才看到的来说，这种反应非常迅速，并且差不多是自己进行的，所以将硫化铁分解是非常困难的。

“当然，这种情况并非全部，有一些物质是化合困难分解容易的，就算是受热、震动或是摩擦就会立刻分解，用咱们刚才的比喻来看，这就是双方性情不和，最后只能以离婚告终。”

“物质真的有可能这么容易分解吗？”爱弥儿不解地问。

“是的。”保罗叔肯定地说道，“你应该也见过这种的例子吧？比如在使用火柴的时候，有没有发现火柴头燃烧得快，火柴杆燃烧得慢？”

“这个……虽然之前我没怎么注意过，但是你说了这一点之后我还是能想起来的。一次在一个非常热的晚上，我在黑暗中找到了一盒火柴，刚想用一根点着，但是刚打开火柴盒里边的火柴就燃烧了起来，把我手都烧疼了。但是只有火柴头烧掉了，火柴杆却没有什么事，轻轻一吹就灭了。这是不是和物质的分解有关？”

“没错。不管是什么火柴都是一样，火柴头中都有两种物质，一种是助燃物质，一种是易燃物质，这种助燃物质正是化合物，它在某些情况下会立即分解，帮助燃烧。这就可以看出，它的分解是多么容易了吧。

“和火柴相比，炸药则是更加容易分解的物质。正是由于这个特性，炸药才能引爆枪弹之内的雷管。枪机被移动后击锤会击打雷管，就会引起爆炸，点着弹壳中的火药将弹头发射出去。雷管上有一层非常薄的白色物质，这一层正是非常容易分解的炸药，是好几种物质化合而成的，一旦受到轻微撞击，就会立刻分解。不过，这些都是能够威胁人身安全的东西了，所以还是谈谈别的吧。现在我问你们，一片面包中到底含有什么东西？”

爱弥儿急忙回答：“我知道！里边有……有面粉。”他认为这个问题已经非常明确了。

保罗叔对他的说法持肯定的态度，点了点头道：“这倒是没错，不过，面粉中含有什么呢？”

“面粉中……除了面粉，还能有什么东西呢？”

“如果我说面粉中含碳，或者说木炭，你信不信？”

“什么？你说面包中含有木炭？”

“没错，含量并不少。”

“啊！叔父在逗我们开心吧，面包里怎么可能有木炭呢？木炭可不能吃呀！”

“怎么，以为我在开玩笑吗？”保罗叔笑道，“我不是跟你们说过，化合反应能够改变物质的性质吗，比如黑白颠倒，苦甜转换等。并且，我可以给你们看一些从面包里得到的木炭，当然，这种东西你们肯定见过，并且经常见。现在我来问你们一个问题：你们吃面包之前，需要做些什么？”

“烘烤它呀。烤过了的面包比较松脆。”

“这一点倒是没错，不过如果烤得过了火，会怎么样呢？比如一不小心烤了一个小时……”

“这样的话就变成木炭了，我遇到过很多次这种情况。”

“这些木炭是从哪里来的？是炉灶变的吗？”

“……我想不会吧。”

“那么，是面包变的吗？”

“看来的确是这样了。”

“但是，某种东西，比如面包中本身不含某种物质，就不可能无缘无故出现。面包烤过之后出现了木炭，那么就证明面包自身是含有木炭的，也就是碳。”

“啊！对！我刚才居然没想到这一点！”

“除了这个，还有很多常见的东西都是这样，你们没发现只是没有人提示而已，所以你们忽略了它们的意义。经过这件事，我会经常用这种简单的小事情提示你们，告诉你们其中的重要道理，就像让你们知道面包中含有很多的碳一样。”

喻儿说道：“我现在承认，面包中确实含有碳。但是，爱弥儿刚才说过，木炭是不能吃的，但是面包却能；木炭是黑的，面包却是白的，这是为什么呢？”

保罗叔耐心地解释道：“碳或者木炭在单独存在的情况下是不能食用的，但是面包中的碳并非单独存在的，而是以化合物的形式出现。之前我有提过，化合物的性质会和其原本的组成物质不同，就像硫化铁失去了硫和铁的性质一样，面包也失去了木炭的性质。但是在被烤焦之后，面包的其他性质都会被热量驱散，只剩下木炭的性质：黑色且难吃。这些热量使化合物遭到破坏，这正是面包会变成木炭的秘密。”

保罗叔顿了顿，又继续说道：“知道了其中一种物质，我们再去看看其他的。还记得面包被烤焦后的那种气味吗？”

“哦，你是指面包变成木炭过程中的那种有香味的烟雾吗？”喻儿有些不明白，不禁问道。

“唔，是的，我想你明白我的意思了。那种香味烟雾就是从面包中分离出来的，如果将这种香味烟雾和木炭结合起来，就会变成和之前的面包同样的东西。让烟雾和木炭分离的主要因素就是热，它能让某些成分离开面包体，之后就会留下那种不能吃的木炭了。”

“也就是说面包中只含有这两种东西咯？面包可以吃，分开成烟雾和木炭后就不能吃了是吧？”

“没错，原本的东西都是无法食用甚至有害的，但是结合之后却会变成可食用的甚至是保健品。”

“叔父，你说的话我当然相信，可是……”

“我知道你想说什么，虽然这种说法和我们之前的想法矛盾，所以听起来很难以置信，但是这的确是真的。我并不会让你们单纯地相信我的话，我还需要让你们在实践中自己去发现，自己去观察和思考。刚才我指出了，面包受热会分解变成木炭和烟雾，那么你们有什么推论呢？”

“很明确的一点是，面包中含有化合后的木炭和烟雾。”

“没错，只要是事实，那就是对的，不管它有多么不合情理。我们现在看到的事实是，面包受热之后分解成了木炭和某种气体，所以就让我们把这个事实记在心里吧。”

喻儿提出了疑问：“我有一件事不明白。既然叔父说面包因为受热分解成了气体和木炭，然后再化合就会重组成面包，那么，火难道没有毁坏掉面包吗？”

“‘毁坏’这个词有一些别的意义在里面，如果你说受热后面包不再是面包，这个意思是对的，毕竟木炭和气体都无法称之为面包。然而，如果你说面包受热后会消失，那就不对了，因为这个世界上没有什么物质会真正消失掉。”

“我就是说面包会消失掉啊，我们都说火能够消灭任何东西。”

“这句话对于现实世界来说是不正确的，这一点我得反复跟你们强调。整个宇宙中没有东西能够被彻底消灭，即使是一粒沙子或者一根蜘蛛丝。这个问题很重要，所以你们要记牢：假设我们要建造一栋华丽的大厦，然后工人们就会将砖瓦石块等建筑材料经过摆放和衔接构成一座非常坚固的大厦。这座大厦看起来十分坚固，但是真的不会毁坏吗？并非如此，只要叫几个工人拿着锤子、铁棍等工具，就很容易将这座大厦拆毁，变成一些瓦砾。当然，这种结果对于大厦来说，可能就是‘毁坏’了。

“不过它并不能被‘消灭’，大厦虽然坏掉了，但是那些瓦砾还在，所以这座大厦并没有被‘消灭’，不仅仅是那些瓦砾，即便是一粒尘土，一粒沙子都没有，只是不知道它跑到什么地方去了而已，它还是存在于这个世界上，这个宇宙中。

“火的确是破坏力极强的东西，但也仅仅是‘破坏’而已，它能够‘破坏’房屋，但是无法‘消灭’构成房屋的物质。用火去烤面包也是一样，它能够破坏面包中的化合物，使它们变为木炭和烟雾，但是无法消灭这些木炭和烟雾，仅仅是因为烟雾会被风吹散，所以就会被认为是被‘消灭’了，其实它还存在于某个我们看不到的地方。所以说，我们以后要把‘消灭’这个想法舍弃掉，它是不正确的。”

“但是……”

“嗯？喻儿有什么疑问吗？”

“那个，如果用火去烧木头，木头最后就会只剩下一点灰烬，这不就是几乎被消灭了吗？”

“你的观察很细致，这个值得表扬。但是我刚才说过了，拆屋子的时候有一些土被风吹走了。那么现在假设这个屋子的所有部分全部被碾成了粉末，那么风吹过后会怎样呢？”

“这些粉末就会被吹没了。”

“那么我们能不能说屋子被‘消灭’了呢？”

“哦，这是不行的吧，毕竟那些粉末只是被吹到别的地方去了。”

“木头自然也是这个道理，木头被火烧过之后变成了烟尘和气体，分成了许多的元素，这些元素比我们能看到的任何物体都小，人眼是看不到它们的。这些元素都散在了空气中，能够被我们看到的就只有那些烧剩下的灰烬了，看起来就像是木头被火‘消灭’了一样。”

“也就是说，被烧过的木头有很大一部分都变成非常细小的、看不到的东西而分散在空气中了吗？”

“是的，孩子。那些发热发光的燃料都遵循着这个事实。”

“我想我明白你说的话了，叔父。那些分散了的木头是我们看不到的，就和我们看不到那些房屋的粉末是一样的。”

“对，并且，这一间屋子拆掉之后的废料，还可以用来建造别的屋子，所以说，一样的材料可以有不同的用途，就好像石块和木材，可以建造多种多样的屋子，形状特色各有不同。

“物质的变化大概就是这样了。我们可以假设有某两种物质化合成了一种物质，然后会出现新的性状，就好像砖瓦木石建造成的房屋并非还是砖瓦木石而是房屋一样。

“之后，这种化合物因为某种缘故被分解，其化学结构不复存在，但是生成它的物质还在。这些残骸大自然并不会放着不管，而是用它们合成别的化合物，于是又生成了另一种性状和一开始完全不同的物质。这种新的化合物性状是无法推测的，有的物质能使某种化合物变黑，但是在生成另一种化合物时却会使它变白；有的物质能使某种化合物变成酸味，但是在生成另一种化合物时却会使它变甜；毒药中的成分，也可以在食品中找到。打个比方，修水渠用的砖块同样也能修砌烟囱，就是这个道理。

“所以说，物质是不会被‘消灭’的，看上去都看不见了，但是这也仅仅是看不见了而已，它们还存在于别的地方。我们观察得足够仔细的话，是能发现‘物质不灭’这一事实的，他们会参与好几种化合反应，分分合合的，每时每刻都在分，又每时每刻都在合，不停地变化着。这些物质的量是固定不变的，就算在全宇宙范围内也是一样。”

# 第4章

# 单质

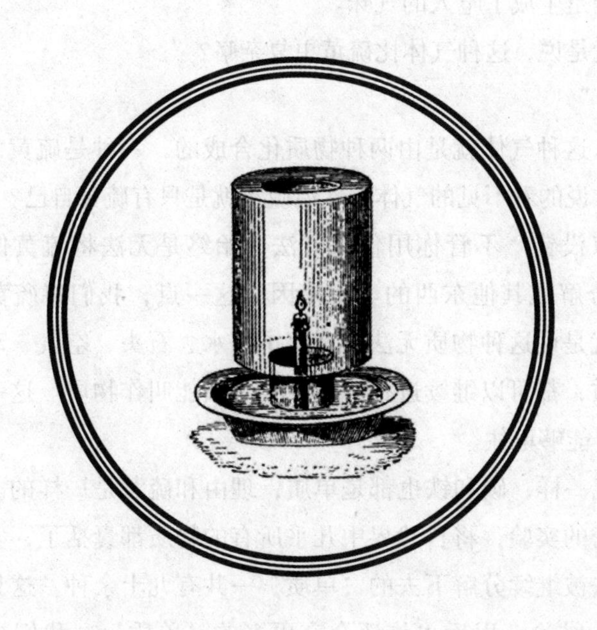

保罗叔继续讲述着他所知道的知识："现在我们回头去看那种名叫硫化铁的黑色粉末。化学家能够用一种复杂的方法将它还原成铁和硫黄。然后面包被火分解，主要成分是碳，那么碳、铁、硫这些物质又是由什么组成的呢？现在我就把科学家们的研究结果告诉你们两个：无论他们多么努力，无论他们用什么方法，碳、铁、硫依然还是碳、铁、硫，并没有产生其他的物质。"

喻儿对此话表示反对，说道："不对哦，我认为硫黄可以分解成别的物质！如果将硫黄放在火上，不是可以发出蓝色的火焰和那些刺鼻的味道吗？我想这些气体都是从硫黄中分离出来的，它的性质和硫黄不同，能够让人咳嗽。但是，就算你再怎么闻硫黄，也不会咳嗽的。"

"我想你是对我的话有些误解。硫黄可以和其他物质化合，但是并不能分解。你说的那些呛人的气味是硫黄化合得到的，就和硫化铁一样。其实，每种物质在燃烧时都会和空气中的另一种物质化合，硫黄也是如此，于是生成了呛人的气味。"

"也就是说，这种气体比硫黄更复杂咯？"

"对。"

"那么这种气体就是由两种物质化合成的，一种是硫黄，另一种就是叔父刚才说的看不见的气体，然后硫黄就是只有硫黄自己？"

"一点没错。不管你用什么方法，始终是无法将硫黄像硫化铁和面包一样分解成其他东西的。正是因为这一点，我们将硫黄称为'单质'，也就是说这种物质无法再分解了。水、石头、空气、动植物等都不算是单质，都可以继续进行分解，于是只能叫作物质。这一点，我希望你们两个能够记住。

"和硫一样，碳和铁也都是单质，理由和硫黄是一样的。化学家曾经做过精密的实验，将自然界中几乎所有的物质都囊括了，实验过后发现那些无法被继续分解下去的'单质'一共有九十余种。这只是初步研究后得出的结论，以后也许还会有更多的'单质'。我们提到的碳、铁、硫就是这九十余种的其中之三。"

爱弥儿问道："叔父，你要将这些都告诉我们吗？"

“当然不是全部，我只说其中几个重要的。大部分的单质和我们并没有直接关系，并且我们也得不到试验品。当然，其实除了碳、铁、硫这三种，你们自己应该还知道很多种。”

爱弥儿非常好奇地问道：“我也知道？我觉得我还没那么聪明呢。”

“不，你的确知道很多种，只是你之前不知道它们不能分解罢了。其实，你们自己所了解的比你们想象的要多得多，只需要我帮你们梳理一下，你们就会发现很多有趣的东西。当然，这些都只依靠你们自己，我并不会直接灌输什么。现在我告诉你们一个信息：‘我们一般将某些东西称为金属，它们大部分是单质。’”

“噢！那么也就是说，金、银、铜、锡、铅等这些都是和铁一样的单质咯？”

“虽然你说的都没错，但是我想你可能忘了一种很常见的金属单质。你再仔细想想，给你个提示：印刷厂图版。”

“印刷图版……哦！是锌吧？”

“正确！当然，你刚才提到的所有这些金属并非全部，你没有提到的还有很多。其中某些金属的性质非常奇特，同样也不会用来做一般的用途，所以还是等有机会了再和你们讨论这些，现在我要说的是一种同样比较常见的金属，这种金属和我们刚才提到的都有一些区别，它是液体，和融化了的锡非常相似，并且它的颜色和银相同，被装在玻璃管里充当寒暑表，高度随着温度的变化而变化。”

“叔父说的，是水银吧！”

“没错，是水银。它的学名叫汞，水银这个名字很容易引起误解，虽然颜色类似银，但是性状和银就差远了。”

“水银是和金、银、铜、铁等一样，也是金属吗？”

“是的，不过水银的特点和这些金属有一处不同，在常温下，就算是在冬季，它也是液体的。要知道，想要得到液体的铅需要用炭火烧，想要得到液体的铜或者铁就必须用高温火炉，这就是水银特殊的地方。不过，如果将水银降温，它也会成为固态，就和银一样。”

“那样就可以用来做货币了吧？”

“可以是可以，不过，只要装起来就会化掉了。”保罗叔继续说道，“金属之间的颜色差别很小，汞和银是银色，锡稍微暗一点，铅则更暗，然后金是金色，铜是红色，其他金属比如铁、锌等都是灰白色。它们无一例外都是闪闪发光的，是有光泽的，如果将它们擦拭干净就更是如此了。不过，这并不是说所有有光泽的都是金属，有一些石头或者昆虫的翅鞘同样是有光泽的，但它们却并非金属。

“除了金属，我们提到过的硫和碳都是单质，你们也看到了，它们没有金属光泽；还有一些单质，同样是我们之前提到过的，它们存在于空气中，是一种无色透明的气体，这些和金属截然不同的单质被称作非金属，它们的种类并不算多，目前只发现了22种，其中还有几种人们一般听不到见不到的，不过不管是哪一种，都背负了沉重的化学任务。我们周围的东西大多是由非金属构成的，大自然也像建筑需要砖石一样需要非金属，而这些非金属中有一种是我们维持生存所必需的，叫作氧，不知你们听过没有？”

爱弥儿道：“从没听过……这名字好奇怪！”

“那么，氮和氢呢？”

“也没有听说过。”

“这些都在我的预料之中。现在我来告诉你们，氢和氮这两种非金属都是气体，它们的作用并不小，只是完成工作的时候非常隐蔽，我们并不会注意到它们。

“加上刚才的氧，这三种气体都是无色且透明的，所以我们无法发现它们；不仅如此，它们还会隐藏在一些化合物中，如果不用那些科学方法是无法得知它们的存在的。正因为这些原因，你们对它们一无所知也就是很正常的事情了。”

“这些物质非常重要？”

“没错。”

“比黄金还重要？”

“各自有各自的属性吧，黄金自然有用，可以代表价值，铸成货币后可以流通，作为贸易的媒介。不过，就算地球上的黄金都没了，那也并非什么严重的问题，仅仅是让银行周转困难，商情有些混乱罢了，并且我们还可以找一些其他的金属去替代，慢慢恢复这些混乱。不过，如果没有了氧、氢、氮这三种之中的某一种，比如氧，那么地球上几乎一切生物都会灭亡，地球将变得死气沉沉。这种后果相比银行和商人们的烦恼，自然要严重得多。

“所以，对于当下的整个社会来说黄金并没有承担太大的任务，就算真的没有了，也只不过是一些相对而言的小风浪。不过我刚提到的氧、氢、氮这三种非金属气体却非常非常重要，缺少了任何一种都会使自然界失衡，我们在地球上生活也将成为不可能。当然，除了这三种气体，碳的重要性丝毫不会低，加上前边的三种，这四种物质就是生物不能缺少的物质。”

喻儿说道：“叔父，能不能给我们讲讲你刚才说的氧、氢、氮这三种物质呢？”

“这正是我接下来要说的。不过这说来话长，我想还是先跟你们说说另一种必须了解的非金属吧。现在给你们一个提示，这种物质存在于火柴头上，覆盖着一层蜡，摩擦就会被点燃。如果将它单独拿出来点燃，会发出淡色的光。”

“哦！是磷！”

“说得对，我提到的就是磷，它也是非金属的一种。那么现在，我们来总结一下我之前提到的所有内容吧。自然界目前发现的有90多种单质，一般是由外观区分金属和非金属，金属一般有金属光泽。现在我提到过的金属一共8种了，有金、银、铜、铁、锡、铅、锌、汞；当然，还有一些是必须知道的，我以后再说。现在人类所知的金属总数已经达到了70种，非金属则有22种[1]，它们大多没有金属光泽。我曾提到的非金属有氧、氢、氮、碳、硫、磷这6种，其中前3种是无色的气体。

“我还曾提到，单质都称为‘元素’，就是能够生成其他物质的，无法再用化学方法分解的最原始的物质。”

[1]　当时是20世纪初，那时候人类还没有发现那么多种类的元素。现在科学家们已经发现了人造元素和天然元素共112种。

喻儿说道："保罗叔，我曾在一本书上看到过，说自然界的元素只有四种，分别是土、空气、火、水。"

"这种说法只存在于古代，古代的人们对这些并不了解，所以才有了这样一种错误的看法。因为古人的技术比较落后，他们的确无法分离土、空气、水和火，他们就认为所有的物体都是这四种物质构成的。但是如今科技发达，这四种物质已经无法再称为单质或者元素了，我现在就跟你们解释一下。

"首先，火应该被称为热和光，它并不是实体的东西，所以并非单质。单质都是可以衡量的物体，比如一立方米的氧，一千克的硫等，但是我们并不能说一立方米的热，一千克的光，就像我们用秤去称声音一样，根本是行不通的。"

喻儿听后笑道："一斤F高半音，一斗E低半音，的确挺有意思。"

"至于音调无法被称量，是因为它本来就只是一种波，是从音源传到我们耳朵中的一种能量，热和光同样是能量，不过我们对这些就说到这里，因为详细地介绍它们实在很费时间，并且这也并非化学要研究的问题，还会让我们把化学本身给忘掉。现在说一下结论，热并非元素，因为它并不是物。

"其次，空气和刚才提到的火不同，它是可以称量的，这一点我想你们之前都不会想到吧，这一点在你们接触物理学之后就会知道了。当然，虽然它可以称量，但是它同样并非单质，而是一种混合物，是由好几种单质气体混合而成的，其中含量最多的就是我们曾提到的氧和氮。这一点，我们可以用实验来证明。

"再次，水也不是单质，不是一种元素，之后我可以给你们证明它是氧和氢的化合物。

"最后，土指的是组成地球固体部分的物质，它是由砂、泥、岩石等矿物混合而成的，可以说是混合物，不可以说是单质，更不是一种元素。我们从土壤中可以得到很多种金属和非金属，就目前来看，一切单质都可以从土壤中获得。所以，古代所谓的这四种'元素'在今天看来都并非单质，也并非元素。"

# 第5章

# 化合物

“泥水匠建造住宅等建筑时一般都会使用砖石以及水泥，但是建造出来的建筑却是形态各异。和这个相仿，自然界总共也就这么九十多种元素单质，但是却构造出了动物、植物以及矿物。所以，反过来我们就可以说，只要不是单质，就能够被分解为金属或者非金属，或者非金属和金属。”

“也就是说一切物体都是单质构成的？”

“对，就算是不能分解的单质，不也是由单质自己构成的吗？现在你们来想一想最常见的非金属元素碳，我曾经告诉你们它是面包的组成部分，并且你们都知道木头中也含有它，毕竟木头烧焦之后能够看到。现在，这两种截然不同的物质中都含有碳，经过自然界中的各种变化后，面包中的碳能够变成木头中的碳，木头中的碳也能变成面包中的碳。”

爱弥儿笑道：“那么我们在吃奶油面包的时候，就是在吃一片可能变成木头的东西了。”

保罗叔也笑道：“这可不好说，你的这个笑话比你想象的要真实得多，我现在就告诉你们其中的理由。”

“叔父，我以后不想再说什么了，这个单质都已经让我摸不着头脑了。”

“摸不着头脑？可能只有现在才会吧，新的真理一般都会让人感到迷茫，就像强烈的阳光会让人睁不开眼是一个道理。不过只要我们继续去探究，一切都会真相大白。你们现在想一想，苹果和栗子中有没有碳？”

喻儿回答道：“有。如果把栗子炒太久，就会炒焦，当然，苹果什么的一直放在火炉上也会烤焦。焦了之后不就是碳了吗？”

“很好！这些烧焦了的栗子和苹果等，其中的碳和木头以及面包中的碳是同一种物质，所以我们的确会吃掉很多会变成木头的东西。现在你们对这个问题还有什么不懂的？”

爱弥儿说道：“没有了，我想这个问题我已经懂得了。”

“嗯，不过你们完全可以懂得再清楚一些。如果你点了一盏煤油灯，如果你将一块玻璃放在火焰上方，就会看到玻璃上产生了一层黑色的物质。”

“那个是烟炱吧？观测日食的时候应该就是这样将玻璃熏黑。”

“那么这烟炱是什么东西呢？”

“像是木炭的灰。”

“不是像，它本来就是碳。你们知道它是从哪里来的么？”

“是灯中的煤油里来的吧？”

“说得不错，它是从煤油里分解出来的。这个碳也和其他碳没有区别，椰子油、棕榈油、牛脂油、羊脂油等之中都有碳，因为蜡烛和煤油灯一样，点燃的时候也有烟炱。不仅如此，树脂之中同样含有碳，它燃烧的时候会产生浓烟。自然这些都不是全部，一一举例的话是说不完的，就算是肉类也是如此。想想看，如果厨师不小心把肉煮了很久，会有什么后果？”

爱弥儿抢着说道：“也会变成木炭。”

保罗叔点了点头，说道：“那么你们能够得出什么结论呢？”

“我的结论是：肉类中有碳，什么地方都有。”

“肉类中有碳，这的确没错，但是什么地方都有就是不可能的了，我们只能说含有碳的物质很多，比如一些植物和植物制品等，这些物品被分解后就把碳留在了灰中。”

“白纸被烧了之后也会变黑，大概也含有碳吧？”

“没错，孩子。有的纸是用破布制成的，破布则使用棉麻或者毛纺织成的。”

喻儿问：“那么牛奶中是不是也含有碳呢？我记得锅边上的牛奶有的时候也会变黑。”

“你说的没错，牛奶中的确含有碳。行了，我们就不一一举例了，毕竟例子实在太多。现在，就请爱弥儿背诵一下他最近读的拉封登寓言吧。”

“要背诵哪一个？”

“就是丘比特石像和雕刻师的那一个。”

“哦，我还记着呢：

一个雕刻师看到了一块非常漂亮的云石，于是买来后自己问自己：‘这个用来制作什么呢？神像？几案还是石盘？’不过后来雕刻师将它雕成了一座神像，这座神像手里抓着闪闪发光的雷电，万人都会在它脚下站立，它的威名也传遍了四方。”

“可以了！”背到这里的时候保罗叔阻止了他继续背下去，说道：“这段故事告诉我们，雕刻师买走云石后总是在想将它做成什么东西。一块云石能够做成神像、桌椅、石盘等物件，但是这位雕刻师还是选择将它做成了神像。自然界中物质的生成也是如此，我们要想在土里种一些植物的话，也可以选择种萝卜、麦子或者玫瑰。当我们选择种玫瑰的时候，土壤中的碳就会被玫瑰吸收，变成玫瑰的一部分。但如果我们选择种萝卜或者麦子，那么过些天就会变成萝卜或者麦子的一部分。”

爱弥儿问道：“玫瑰花中除了碳，还有没有别的东西呢？”

“当然有，我之前提过，如果没有别的元素，碳就只能是碳，不可能成为别的化合物。当这些化合物生成时才会出现我们能够看到的玫瑰花。当然，其他的含碳物品形成也是如此。”

喻儿总结了一下保罗叔的话，说道：“也就是说，在面包、牛奶、果实、油脂、花、棉麻、纸张等东西中都含有碳和其他元素。这些元素在这些物品中的性质也不会变，永远都是金属或者非金属。那么，我们的身体是不是由这些构成的呢？”

“当然是。想想我们刚刚提起过的肉，我们的身体不也是这些吗？人体的‘材质’和其他东西都是一样的，成分也是金属与非金属。”

爱弥儿听了保罗叔的话，显得非常惊讶：“啊？我们人体中也有金属？我们的身体也是矿藏吗？我们可不像卖艺人那样能够吞铁蛋，这我可不相信。”

“然而这的确是事实。现在我要告诉你们的是，我们的身体中含有铁，并且所含的铁和卖艺人吞的铁蛋一样。要知道，我们的身体中，铁是必不可少的，如果没有了铁，我们就无法生存了。众所周知，我们的血液是红色的，正是我们身体中的铁将它变成了这种颜色。”

“但是，就算是这样没错，我们也不能吃它啊，卖艺人也是一样，那只不过是一种表演，并不能真的吃。那么，我们身体中的铁是从哪里来的呢？”

“我们身体中的铁和碳等元素一样，都是从食物中获得的。碳会形成化合物，铁自然也会这样。那些面色苍白的人多半是营养不良，医生一般会建议他们吃一些含铁的食物或者药粉等，这样虽然不是直接吞铁蛋，但也是在吃铁。”

爱弥儿说道：“我相信你说的话了！叔父，讲一些别的吧。”

“让你们相信这一点并非我的目的，我还有很多东西需要告诉你们。你们不要认为我们的身体就是个什么元素都有的大矿藏，虽说除了铁之外还有好几种金属，但是也就这么几种了。像我们之前提到的金、银、锡等金属都是动植物不需要的，铅、汞等甚至还有剧毒，如果人不慎吃下他们，就会致死。好，现在我们继续说铁。我们身体中的铁十分少，但是已经足以让我们的血液变成红色，以及增加一些其他的特性了。其实，一头牛身体中的铁元素如果能够提取出来，甚至无法制作成一根钉子。当然，这样从血液里提炼铁是非常困难的，耗资巨大，如果真的做出来这样一根铁钉，那么这根铁钉的价值可是不菲。但是，虽然价格不菲并且极其困难，但毕竟是可能的，现在我就跟你们谈一谈。”

“你们现在已经懂得了单质化合可以生成很多种性状不同的物质，这种物质名叫‘化合物’，是由若干种元素组成的，比如水。除了它，小麦粉、木头、纸张、煤油、油脂等同样也是化合物。水是由氧和氢组成，这两种元素的性质我会慢慢讲给你们，除了水之外，其他的这几种化合物中都含有碳。

“化合物的种类非常多，但是构成它们的仅仅是我提到过的那九十多种元素。这些元素中还有一些是用处极少的，就算完全剔除它们，万物的数量也不会减少。”

“保罗叔，那既然万物的数量是无限的，那么为什么构成它们的就只有九十多种呢？这让我很是不解。”喻儿问道。

“你们的疑惑我早就猜到了，就算你们不问，我也会解释一番的。

现在我问一下，我们的语言中，字母一共有26个，它们能够构造成多少种单词呢？”

“嗯……具体数字我说不出来，不过就算是最小的词典里也有很多词语了，就假设是一万个吧。”

“嗯，就当作是一万个好了，反正我们也用不到准确的数字。不过你们要明白，我们的词典里全部都是我们国家的词，但是这26个字母还能组成其他国家的文字和单词，比如拉丁文、英文、意大利文、西班牙文、德文、丹麦文、瑞典文等。像希腊文、中国文、印度文、阿拉伯文这些，虽然书写的文字并非和我们的一样，却也能够用这26个字母表示。现在我们将这些单词加起来的话，会有多少种呢？”

喻儿道：“那可能就会有几百万了吧。”

“现在我们就把这26个字母当作元素单质，把它们拼成的单词当作化合物，是不是觉得容易理解了？字母们按照不同的次序排列就会形成单词，这些词都有着不同的意思。同样的，元素单质也是按照不同的次序排列形成化合物，这些化合物同样有不同的性质。”

喻儿又问：“也就是说，元素单质组成化合物，就相当于字母组成单词了？”

“你说的没错。”

“如果是这样的话，化合物的种类应该和这些单词的数目差不多了，不，我感觉字母的变化应该会更多一些。叔父刚才说组成大部分化合物的元素只有十多种，但是单词却有26个，我觉得26个字母组合起来要比实际中元素组合起来的种类多些。”

“你们要知道，字母的数目可以减少很多，但是结果仍旧可以代表一切的语音。比如k和q，和c的刚音并没有区别，其中只有一个是必要的，其他两个都可以去除。同样，c的柔音和s的尖音相同，x和k、s相同，y和i相同，将这些字母去除之后还是比那些组成大部分化合物的元素种类要多，但是结合的方法上，化合物却比单词要容易。

“如果要用字母组成一个单词，那肯定会用到好几个字母。

floccinaucinihilipilification[1]这个单词就是这样，其中有12种共29个字母，想要一口气读完这个单词需要吸上一大口气。相比之下，化合物中并没有这么多种元素，一般的只含两三种，四种的就已经非常少了。那么你们认为用两三种或是四种字母可以拼成的文字有多少种呢？硫化铁和水是两种元素构成的，这种化合物名叫‘二元化合物’；油是三种元素构成的，这种化合物名叫‘三元化合物’；肌肉是四种元素构成的，这种化合物名叫‘四元化合物’。

“你们或许会问，这么几种元素组成的化合物，为什么就有这么多种类呢？我现在就用rain这个词为例，向你们解释一下这个问题。如果我们将第一个字母r换成别的字母比如g、l、v、w、p等，就会变成gain、lain、vain、wain、pain，或者将fin中第一个字母f换成t、d、s，就会变成tin、din、sin，意思就完全改变了。化合物中也是如此，将其中某个元素用另一种元素来代替，就会生成新的性状不同的化合物。

“不过，化合物的变化并非只有这么一种，在某个单词中字母可以多次出现（比如上文的单词floccinaucinihilipilification，其中i就出现了9次），化合物中的元素也可以多次出现，三次、四次、五次或者更多，当它们重复出现，就会有新的化合物出现。这种例子在我们的字典里是没有的，毕竟在一个很短的单词中并不会有字母会重复那么多次。如果真的重复了，那就会像ba，bba，bbba，bbbba等一样了……从这里你们应该能够明白为何化合物种类非常多了。”

喻儿说道：“如果化合物的化合真的是这样的，那么种类确实很多，几十种元素也就够用了，元素变化或者重复，的确可以生成无数种化合物。”

保罗叔问爱弥儿：“那么你觉得怎么样呢？”

“哥哥说的话我是同意的，这十几种元素的确可以组成无数种化合物。不过我有一点不明白，为什么ba和bba会有不同呢？”

“既然你不明白这一点，那我来举个例子吧，通过这个例子，你就

---

[1] <谑>（对荣华富贵等的）轻蔑。

能明白了。”

“好啊！我想就算是哥哥一定也想要听一听吧？”

“嗯，这一点上我会使你们满意的。”

保罗叔说完便打开了抽屉，从中取出了一件东西放在了桌上。这是一种非常沉重的，并且呈金黄色的东西，在阳光的照射下闪着金光，看起来就像是一大块金子。

爱弥儿惊叫道：“叔父，你从哪里弄到了这么大一块黄金？”

保罗叔笑了笑，说道：“这可不是真正的黄金，它的名字叫‘愚人金[1]’，因为很多人都会把它当成黄金，认为它非常珍贵，可实际上它却并不值钱，它的石子在山上随处可见，就算你捡了很多，也无法换到钱。它的学名叫黄铁矿，如果用钢铁去击打它，就会发出明亮的火花，甚至比燧石的火花还要亮。”

说完，保罗叔便开始了自己的试验，他取出一把小刀，演示了一下那种火花后说：“这种黄铁矿虽然和黄金颜色相近，但是并不是真的黄金，一点黄金都没有。并且，它也是硫和铁的化合物，我想你们应该都很清楚这两种元素吧。”

爱弥儿听完保罗叔的话，非常惊讶地说道：“什么？这块黄金似的东西和人造火山中那些难看的黑色粉末一样是铁和硫构成的？”

“没错，并且只有铁和硫。”

“那么为什么会有这么大区别呢？”

“这正是因为这块愚人金里的硫是重复的。”

“就是说，黑色粉末是ba，愚人金是bba吗？”

“没错，化学上称那些黑色粉末为硫化铁，称愚人金为二硫化铁。”

“原来如此，叔父，我明白了！多谢你拿出这些石子让我们懂得了ba和bba的不同。”

[1] 中国称之为“自然铜”，用来入药，现在多用于无线电检波。

# 第6章

# 呼吸

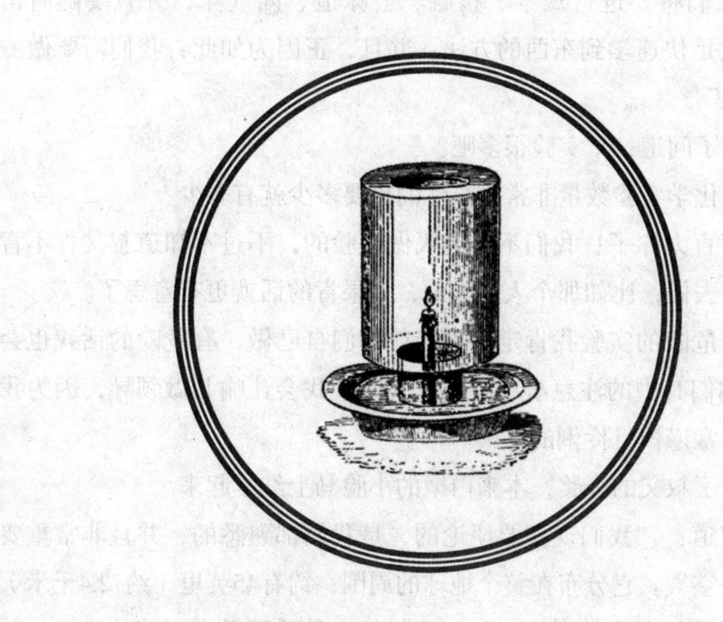

孩子们非常喜欢保罗叔让他们看过的愚人金，而且经常提起、谈论它。保罗叔见两个小孩子喜欢，于是便将这些愚人金送给了他们，他们就拿着这些东西去黑暗的地方用钢铁撞击，然后发出明亮的火花。

在保罗叔的带领下，两个孩子一同去了山里，找到了很多这种矿石。喻儿的架子上已经满是这种黄铁矿了，有的呈金黄色，形状整齐，就像是被玉工雕琢过一样；还有的参差不齐，并且也不是金黄色，而是青灰色。保罗叔告诉他们，第一种比较整齐的是结晶，它拥有非常规则的几何形状，并且表面光滑，是大多数物质在适当情况下生成的。

保罗叔说："这个问题暂且不谈，现在我们还有别的事情要讲。不知你们发现没有，之前的事情我都是提了一些你们熟知的事实，然后关于这些事实进行讨论，因为你们的头脑还需要锻炼，一些概念和意义还不明朗。不过现在，你们的基础已经打好了，我们接下来要学习的化学知识可就不像之前那么简单了，我们需要做一些实验来进行讨论。从现在开始，我们将要进行观察、接触、尝味道、闻气味，并且要随时留心，因为这是快速学到东西的方法。并且，正因为如此，我们需要做一些实验了。"

两个孩子问道："实验很多吧？"

"嗯，化学实验数量非常多，你们想要多少就有多少。"

"这简直太棒了！我们不会讨厌做实验的，不过不知道叔父肯不肯让我们自己去做，比如那个人造火山，如果肯的话就更有意思了。"

"没有危险的实验我肯定尽可能让你们自己做，有危险的话我也会预先告诉你们其中的注意事项。在实验时，我会让喻儿做领导，因为我知道他是非常谨慎且伶俐的。"

喻儿听了叔父的夸奖，本来白嫩的小脸马上红了起来。

保罗叔道："我们现在要谈论的，是我们都熟悉的，并且非常重要的物质——空气。它分布在整个地球的周围，约有45英里（约72.4千米）厚，构成了我们所说的'大气'。空气是一种看不见摸不着的物体，并且有自己的重量。谈到这个，你们一定会想：'空气是物体？它不是没有重量的吗？'要知道，一升空气的重量约为1.293克，虽然比铅小得多，但是却比我们将要提到的某些物质相比就已经算是很重的了。”

喻儿非常惊讶，问道：“有比空气还轻的物质吗？别人不是经常说‘轻得和空气一样’么？那么也就是说世界上没有比空气还轻的物质了。”

“虽然他们的确这样说，不过你们只需要相信世界上有比空气还轻的物质就够了，这些物质和空气的关系就像木头和铅一样。我刚才说，空气是不可见的物质，是无色的物质，但是这仅仅适用于少量的空气，如果空气的量非常大，那么可就不是这样了。我用水来举例，水在杯子里自然是无色的，但是大海和湖泊却会显现出蓝色，随着深浅变化，蓝色也会渐变。空气也是如此，一小点空气看不到，但是天空却是蓝色的，因为大气层非常厚。”

“由于空气是看不见摸不到并且很容易逃逸的，那么我们做有关空气的精密实验就会很困难。如果我们想要知道空气的性质，就需要将一定量的空气和其他空气隔离开来，密封在容器内，让它能够向各个方向流出，能够被放在各种环境下，能够拿到各种地方去。这么说的根本就是要把它控制住，就像我们抓住一颗石子那样。但是，我们到底怎样去看那些看不见的，摸那些摸不到的，捕捉那些非常难以捕捉的东西呢？这是一件非常困难的事。”

喻儿说道：“这对于我来说自然是非常困难的，但是我想叔父应该有办法去解决这个问题吧？”

“这是肯定的，不然我的话也没法往下讲了。我首先要告诉你们的是，这种难以解决的并非只有空气，还有很多非常重要的物质像空气这样看不见摸不到，并且也容易逃逸。这个问题是我们必须解决的，不然我们就没有办法去了解这些物质了，不仅如此，有近代工业之母之称的化学学科也不会发展到现在这种地步。

“这种像空气一样容易逃逸的、看不见摸不到的物质就叫作‘气体’，空气自然也是气体的一种。我们现在要讲的就是捕捉气体的方法。假设我们要捕捉从肺中呼出的空气，也就是从嘴里吐出来的空气。我现在向一只玻璃杯中注满水，然后倒立在水盆中，这个玻璃杯里面的水并不会流下来，这其中的道理我过一会儿会提到，好了，现在来开始实验吧。

“我们用一根非常细的玻璃管在玻璃杯底吹气，如果没有的话可以用芦苇秆、麦秸或者麻骨等管状东西代替。吹气的过程中，空气就会从我的肺中进入杯子，使水产生气泡。因为空气轻于水，所以气泡都会上浮到杯底，占据了原本水的位置（如图1）。好，这个过程做完了，现在杯子中已经收集到了我呼出的气体，可以用来做实验了。”

**图1　向杯中吹气**

爱弥儿说道：“喔，原来这个办法还是很容易的！”

“其实问题大多如此，你不知道的时候觉得很难，但是知道了就会觉得特别简单了。

“现在这杯子里已经全部是我呼出的气体了。将看不见摸不到的物体这样捕捉起来的确是一件非常有意思的事情。”

“我平时呵气，也看不到什么东西，现在却能看到你呼出的气体变成了气泡。”

“对，空气对水的干扰，会让我们以为我们看到了看不到的东西。”

“现在水静止下来了，不过我相信这个和空杯子一样的杯子里边是有东西的，因为我亲眼看到一些气泡进了杯子，将原来盛着的水挤了出来。这太有意思了，我觉得叔父用他呼出的气体充满了这个杯子。我可以试试吗？”

“当然没问题，不过你得先把杯子里边的东西取出来。”

“怎么取？”

“像这样。”叔父说着便演示起来，一只手拿住了杯底，将杯口向水面倾斜，于是一些东西就从杯口逸出，发出了一些声音。

爱弥儿说：“啊，现在叔父呼出的气体已经跑到空气中了吧。”说完后，他便将杯子灌满水，学着叔父的样子在玻璃杯底下吹气，非常兴奋地看着气泡一点点将杯底充满。不一会儿，杯子里的水便全被他呼出的气体占满了。他说：“现在好了！叔父，除了这个，我还想再装一个大瓶子，好不好？”

“没问题，只要你高兴，就尽管做。”

桌子上除了这个水盆和已经装满气体的小玻璃杯，还放着一个大的广口玻璃瓶，它是叔父预备在那里做以后的实验用的。爱弥儿将它拿来，放在了水盆里。但是水盆太浅了，这个大玻璃杯不能完全浸在水里并倒立。他有些疑惑了：“哎呀，叔父，这个水盆太浅，没有办法将玻璃杯倒立了。”

“如果这种方法不行，可以试试别的方法啊。你看着我做。”

保罗叔说着便把瓶子放在了桌子上，向里面注满了水。然后他用手掌捂住瓶口，迅速将瓶子倒立放进了盆中，然后抽去了手掌。瓶子中的水果然没有流出来。

爱弥儿看着叔父用这么简单的办法，非常高兴地说道：“叔父太聪明了，什么事情都能想出好办法来！”

“这些聪明和技巧是必须要有的，孩子。不然的话，我们如何用这些简陋的器械来完成精密的实验呢？”

过了几分钟，爱弥儿已经在大的广口瓶中吹满了气，喻儿也自己试了一下。保罗叔这时候说道：“杯子中的水和瓶子中的水显然是要高于水盆中的水的，但是为什么不会流下来呢？这个道理我得跟你们说明白，不过不会说得太仔细，毕竟详细的说明是物理学的范畴，已经超出了化学的圈子。

“我可以告诉你们的是，空气是可以衡量的，它的重量我也曾经提起过，是每升约1.293克。这个重量看起来小，但是大气层一共45英里厚，总共加起来的重量就很可观了。这些大气的重量会从四面八方施加在沉浸于大气中的物品上，比如压在盆子的水平面上。这些压力经过水的传导作用在瓶口，就把瓶子里的水压住了，让水不会流下来。

“只要做一个非常奇特的实验，你们就会明白这个道理了。在一个装满水的瓶子中注满水，在瓶口放一张纸，之后将瓶子倒过来。这个时候，即使你把放在纸上的手拿开，瓶子里的水也不会流出来的，因为大气压从下方将水托住了。而这张纸是为了隔绝空气，使空气不至于钻进瓶子使水流出。”

孩子们听后感到非常好奇，问道：“这个实验我们可以做吗？”

“当然！我们现在就做做看吧。这里有瓶子、纸、水，用品很齐全。”

保罗叔在瓶中装满了水，之后将湿掉的纸放在瓶口。当他将瓶子翻过来并撤去手掌的时候，瓶子里的水果然一滴都没有流出来（图2）。

图 2　杯中的水没有流出

爱弥儿非常惊讶地说道："这太不可思议了，这张湿纸并没有塞住瓶口，为什么水就是不流下来呢？不知道这样能够持续到什么时候。"

"只要你有耐心一直拿着瓶子底部，里边的水就一直不会流下来。"

"那么，这瓶子里的水是不是也有压下来的趋向呢？"

"当然有，它会一刻不停地压下，不过大气的压力比水的压力大，所以把水的压力抵消掉了。"

"如果我们把湿纸抽掉会怎么样呢？"

"水就会立刻流下来了。这张纸阻碍了水和空气的流通，有它在，空气便不会进入水中，水也不会进入到空气中，否则这二者混合，空气就会占据水在瓶子中的位置，就把水挤出来了。就比如，用两根铁棒对头推，自然是互不相让，我们用湿纸隔绝空气和水也是如此。但是，如果将铁棒换成针，对头推的话就不会有什么阻力了，它们会相互穿插起来，没有湿纸的时候就是如此。

"现在话题回到我们刚才用来收集气体的瓶子上。当它倒立在水盆中的时候，里边的水同样被空气的压力托住了，所以才能比水盆中的水高出那么多。当然，如果我们用一根非常非常长的玻璃管代替这个瓶子，水却不会充满玻璃管了。如果这根玻璃管短于10米，那么还是可以充满的，如果高于10米，10米上方的地方就会出现空隙。这是因为大气压能够维持的水柱高度约为10米，再高的话就维持不住了。不过，我们用的这些容器高度显然不足10米，那么水是绝对不可能流下来的。

"好，现在我要告诉你们的是如何将一个瓶子中的气体转移到另一个瓶子中去。就用我们呼出的气体来做这个实验吧。"说完，保罗叔在一个杯子里吹满了气，然后在另一个杯子里盛满了水，将这两个杯子都倒放进了水盆中，使杯口刚好被水盆中的水面淹没。之后，他把装有气体的杯子横了过来，将它的杯口放在了另一个杯子的杯口下方。于是第一个杯子中的气体开始逸出，变成气泡进入到了另一个杯子（图3）。

图 3　气体的转移

“我想你们应该知道，转移液体的时候一般都是会用到漏斗的，比如斟酒的时候。不过，在转移气体的时候，同样可能用到漏斗，不过化学中的漏斗必须耐腐蚀，要用耐腐蚀的玻璃来做，毕竟经常要转移一些腐蚀性非常强的液体。不过，我们现在是转移气体，普通的铁皮漏斗就可以达到目的。当然，有玻璃漏斗自然是好的，毕竟之后也会进行化学实验，并且玻璃是透明的，我们可以透过漏斗看到漏斗内部的情况。

“如果想要把容器中的气体移动到长颈瓶中，就必须用到漏斗，并且必须在水下完成，现在我们来说一下具体的操作流程。首先在瓶子中灌满水，像刚才一样倒放在水盆中，然后将漏斗插入瓶口，其他步骤都按照刚才一样进行。之后就能够将原来容器内的气体变成气泡，进入到另一个瓶子中。

“好吧，今天要说的话就到此为止了。你们现在可以自己来练习一下我刚才的步骤，将你们呼出的气体从一个杯子转移到另一个杯子或长颈瓶中，把自己的手法练熟。因为，我在之后还会借助你们的力量呢。”

# 第7章

# 空气（1）

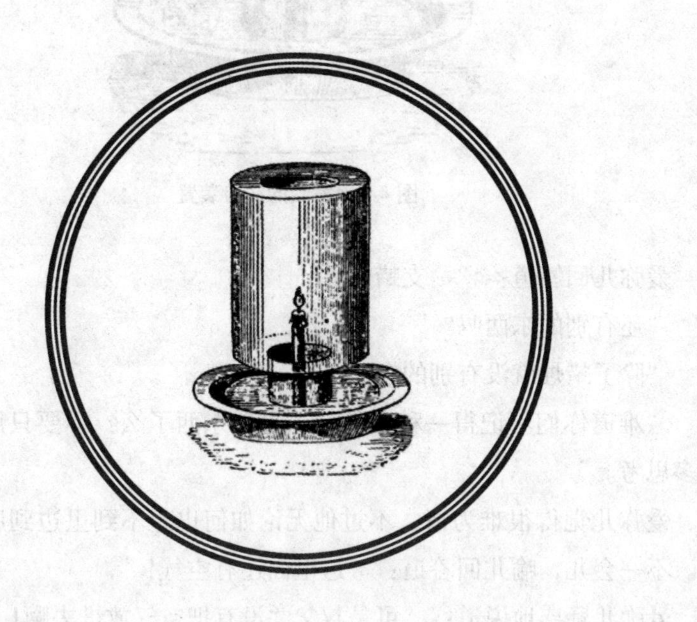

保罗叔拿出一个非常深的碟子，在里边注满水，之后将一根点燃的蜡烛固定在了碟子的中间，并用一个大号的无色广口玻璃瓶罩住了蜡烛（图4）。孩子们对他的举动感到非常奇怪，交头接耳不知在说着什么，也不知保罗叔到底要做什么实验。正当他们猜测讨论时，保罗叔停止了动作，说道："瓶子里有什么呢？"

图4　保罗叔的实验装置

爱弥儿回答道："一支蜡烛。"

"还有别的东西吗？"

"除了蜡烛就没有别的东西了。"

"难道你们不记得一种我们看不见的东西了么？不要只用眼睛看，要多思考。"

爱弥儿觉得很难为情，不过他无论如何也想不到里边到底还有什么了。不一会儿，喻儿回答道："这里面还有空气！"

爱弥儿疑惑地说道："可是叔父并没有把空气放进去啊！"

保罗叔说道："这并不需要放进去吧。这个瓶子中已经充满了空气，我们所用的杯子、瓶子等容器全部充满了空气。想象一下一个没有塞子的瓶子在水中会是什么情况，这些容器在空气中的情况也是一样的。当我们将酒瓶中的酒倒掉的时候，我们就会说这是一个空酒瓶，但是这个瓶子并不是真正空的，因为原来是酒的地方现在充满了空气。所以，一般认为的空并不是真正的‘空’，要想达到真正的‘空’，还得需要一些特别的工具。”

喻儿道：“叔父指的是空气泵吗？”

“没错。它可以把密闭容器内的空气抽出来排放到容器外，不过我这个瓶子并没有用空气泵抽过气，所以里边仍然有非常普通的空气，这根蜡烛就是在空气中燃烧的。那么我为什么要把它扣在水中呢？因为我们需要研究瓶中空气的性质，必须将它密封在某个空间里，否则让实验就可能会失败，或者得出错误的结论，比如我们会不清楚我们用的空气到底是大气的哪一部分。如果只靠这一个瓶子，是无法真正隔绝瓶内和瓶外的空气的，在瓶口和盘子底部之间一定会存在非常微小的缝隙，瓶子内部和外部的空气依然会流通，所以我们要想真正密封，就需要把这些缝隙塞起来，我在这个盘子中倒水就是为了这个目的。当然，水并非只有这一种作用，它还能充当瓶中反应的指示器。现在你们仔细看着。”

瓶中的火焰刚开始还很明亮，不过过了一会儿之后就开始渐渐变暗变小，最后发出黑色的烟雾后终于是熄灭了。

爱弥儿惊讶地叫道：“啊，没有人去吹它，它居然自己熄灭了！”

“等一下，爱弥儿。这一点我马上就会说到，不过你们现在观察一下我刚才提到的指示器，也就是水的变化。”

两个孩子非常专注地注视着，他们看到水进入了瓶子，然后水面缓慢上升，几乎把瓶颈部分的位置占据了。

保罗叔说道：“现在你们有什么想问的？”

爱弥儿道：“我有个问题。如果要熄灭一根点燃的蜡烛，你就需要对着火焰吹气，但是我们现在并没有对着它吹气，就算吹气也会被瓶子挡住。并且，现在没有风，就算有也无法吹到蜡烛，那么为什么这蜡烛就慢慢熄灭了呢？”

喻儿插口道："我同样也有问题。这瓶子里便原本是充满了空气的，现在瓶子的一部分已经被水占据了，很显然是其中一部分空气消失了。但是它们为什么会消失呢？它们跑到什么地方去了呢？如果这个问题解答不了的话，那就是蜡烛把一部分空气消灭掉了。"

"我们先来回答喻儿的问题，这个问题是比较根本的，知道这个问题的答案后爱弥儿的问题就迎刃而解了。你们能够观察出瓶中的空气较少，已经很不错了，水也正是因为这个原因才上升的，不过，我之前提过，一切物质都无法被消灭，虽然空气减少了，但不代表一部分空气被消灭了，仔细研究后就会知道这一部分消失的空气去了哪里。

"想一想我之前说过的话，热和光是几种物质化合时所发出的。"

喻儿说道："没错，我还记着呢。难道瓶子里也在发生着化合反应不成？"

"你猜得没错，蜡烛的火焰非常热，也有光，根据这些就能知道瓶子里正在进行化合反应。但是到底是什么物质在发生反应呢？其中一种就是蜡烛，也就是那些烛脂，另外一种则存在于空气中，因为瓶子中只有蜡烛和空气。这一种化合反应生成了化合物，和烛脂以及空气的性状都不同，不过同样是一种无色的气体，所以我们看不到。"

喻儿说道："那么，就算是这两种物质生成了新的气体，这种新的气体也会占据原来空气的位置啊，这个瓶子也应该像以前一样满。但是事实上这个瓶子里边已经有水进入了，这又是为什么？"

"我们马上就要谈论到这一点了。我们刚才提到的那种化合物有一个特性，它极易溶于水，就像盐和糖一样。你们应该都见过盐和糖放入水中的情况吧，它们一会儿就不见了，这些气体同样是这样。还记得夏天你们最爱喝的汽水吗，里边就溶解有我刚才所说的气体。不过这里边溶解的气体量非常大，已经饱和了，所以当你们震动它时这些本来溶解在水中的气体就会逸出，并且，这些逸出的气体和蜡烛燃烧产生的气体是同一种物质。不过这一个题目我们暂时没有时间去讲，不过以后会讲给你们的。

"蜡烛和空气生成的化合物能够溶解于水，正是因为如此，才在瓶子里留下了空位，水自然就会在大气压的作用下进入瓶子观察水面上升的高度，就能够知道被消耗掉的空气的体积。”

爱弥儿说：“不过水面上升并不高，仅仅是到了瓶颈那里。”

“这就代表，火焰消耗的空气量非常少，如果假设烧完后水面上升了十分之一，就代表蜡烛烧掉了空气的十分之一。”

“那么，瓶子中明明还有很多空气，为什么蜡烛就不会燃烧了呢？蜡烛为什么不把空气烧没呢？我不知道这些空气和之前的空气有什么不同，它们都是无色透明的，并且没有烟雾。”

“我可以解答你的这个问题：这根蜡烛自己熄灭的原因是由于它的燃烧是它本身和空气中的某种物质化合，而这两者是燃烧缺一不可的。蜡烛自然是必要的，燃料没有了，火焰自然就停了。除此之外，空气中的那种物质同样重要，你们对于这一点可能会有一些不明白，不过你们应该能够发现，蜡烛之所以会熄灭，是因为缺少了这二者中的某一种。”

“这一点我已经懂了，没有人吹，也没有风，那么就一定是这种可能了，不过到底缺少什么呢？”

“肯定是空气中的东西。毕竟瓶子中除了蜡烛就是空气，并且如果想要蜡烛继续燃烧，空气是必须要有的。”

“但是瓶子里还有很多空气啊，并且并不比刚开始少多少。”

“的确是这样没错，不过我先前也在谈及元素的时候提到过，空气是一种混合物，是有不同的不可见气体混合而成的。不过，占比最多的只有两种气体，其中一种是燃烧所必需的，但是含量较少；另一种则不是燃烧必需的，但是含量很多。于是，当瓶子中必需的那部分消耗殆尽之后，燃烧也就停止了。”

喻儿说道：“我现在应该完全明白了。火焰之所以会熄灭，是因为少了燃烧所需要的气体，这种气体和蜡烛的烛脂化合后生成了新的可以溶于水的气体，使水进入瓶子。现在瓶子里剩下的只有不是燃烧必需的那部分气体，所以火焰就熄灭了。”

“这么说并不错，不过得稍微改正一些。蜡烛的燃烧虽然会消耗那部分助燃气体，但是并不会全部消耗，当剩余的气体量不足以支持燃烧时，火焰便会熄灭。我们要想办法将这里边那些剩余的助燃气体去掉，不过不是现在，毕竟目前我们只能做到这种程度了。”

爱弥儿说：“如果我们将一根点燃的蜡烛放到现在的杯子中去，它会不会熄灭呢？”

“一定会的，并且速度非常快，就像把火焰扔到水里那样快。之前的蜡烛已经熄灭，再放进去一根，自然也会熄灭。”

“不过我还是想试一下。”

“没问题。”

保罗叔拿出另一根蜡烛，将它插在了一根小铁丝上，之后提起瓶子，用手掌挡住瓶口，迅速将瓶子取出水，并撤去了手掌。

爱弥儿问道：“叔父，你撤去了手之后里边的气体不会冒出来吗？”

“并不会，因为这种气体和空气一样重。不过如果你觉得不放心，就用这个盖上它。”

保罗叔取出一块从破窗上取下来的碎玻璃，将它盖在了瓶口。

他说：“现在我们可以开始实验了。”

保罗叔将那根被铁丝穿起的小蜡烛点燃，之后揭开玻璃片，将这根小蜡烛放进了瓶子中。只见火焰迅速地熄灭了，又试了几次，都是这个结果（图5）。

“现在你不会不相信了吧？你可以自己动手试一下，也许自己得出的结果才会感到满意。”

爱弥儿打算亲自试一试，于是拿起了已经点燃的小蜡烛，非常小心缓慢地将它伸入瓶中，认为这样它就不会熄灭了。然而这么做却一点用处都没有，他试了好几次，蜡烛每次都会非常迅速地熄灭。

爱弥儿有一些厌倦了，说道：“虽然蜡烛伸进去会熄灭，但是这和瓶子应该也有关系吧？瓶子太小，空间也小，这个会不会是蜡烛熄灭的原因呢？”

“得出这个疑问是必然的，不过我可以给你演示一下，来帮你解决

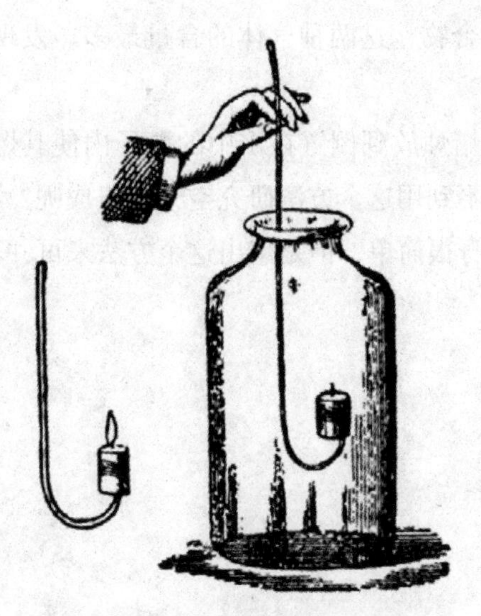

图 5　蜡烛瞬间就熄灭了

这个疑问。看到这个瓶子没有？这个瓶子和刚才那个瓶子差不多大，形状也一样，内部是空气。现在你试试，将蜡烛伸进这个瓶子里会发生什么？”

爱弥儿照做了，它将点燃的蜡烛伸进这个瓶子，却发现蜡烛并没有熄灭，依然正常地燃烧着，就和在外边没什么两样。并且，不论伸得快还是慢，伸到瓶口还是伸到瓶底，结果都是一样的。在第一个瓶子总是熄灭但却在第二个瓶子总是正常燃烧的蜡烛，让他明白了所有的疑团。

他说：“这下我没有什么问题了，事实就是这样，第一个瓶子的空气被蜡烛烧过之后便不能让蜡烛再次燃烧了。”

“你现在信服了没有？”

“信服了。”

“好，那我继续往下说。从上边这个实验中我们可以得到一条结论，空气的很大一部分是由两种气体组成的，虽然这两种气体同样无色无味，但是其中之一会帮助燃烧，另一种却不能帮助燃烧。我们将能够帮助燃烧的气体部分称为‘氧’（或养气），将不能帮助燃烧的气体部分称为‘氮’（或淡气），这两种物质都是元素，是非金属单质，空气则是这些气体的混合物，这两种气体的含量最多。发现这一点时至今甚至还不到两百年。”

喻儿道：“将蜡烛放到倒置在水中的瓶子内使其燃烧非常简单，为什么原来的人们想不到用这个方法研究空气的组成呢？”

“虽然方法本身很简单，但是想出这个方法来可并不简单。”

# 第8章

# 空气（2）

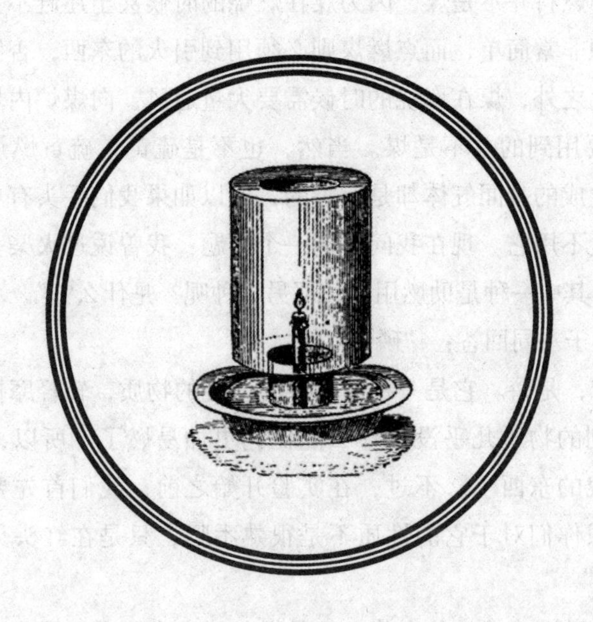

“刚才做的那个将蜡烛放到倒置在水中的瓶子里燃烧的实验，操作非常简单，并且材料也很容易取得，但是，这个实验仍然有不齐备的地方。这个实验告诉我们空气中含有两种气体，氧和氮，一种能支持燃烧，另一种则不支持燃烧，但是这个实验并未给出这两种气体真正的含量，毕竟在燃烧过后的气体中并不是只有氮，刚才我也提到过，这种情况下仍然含有少量的氧。”

“我们都知道蜡烛的火焰非常微弱，风一吹就会熄灭。虽然瓶子中没有风，但是由于它非常微弱，燃烧无法消耗瓶子中所有的氧。当氧的量逐渐减少，蜡烛的火焰也就越来越黯淡，越来越小，最后熄灭。举个例子，假设蜡烛是一个吃得非常少的人，面前摆着很多的菜，他却吃了一点就饱了，还有很多剩余，所以我们要做实验就需要找一种消耗氧比较多的物质，这种物质的燃烧必需足够猛烈，能够吸收全部的氧，将氮等气体剩下。”

“这种燃料并不是煤，因为煤在燃烧的时候甚至还赶不上蜡烛，毕竟点燃蜡烛非常简单，而点燃煤则必须用到引火的东西，否则不能轻易点燃。除此之外，煤在燃烧的时候需要大量通风，向煤炉内填充空气，所以我们要用到的并不是煤。当然，也不是硫黄，硫黄燃烧虽然很猛烈，但是生成的难闻气体却是有害的，所以如果我们手头有更好的东西时还是尽量不用它。现在我问你们一个问题：我曾说过火柴头上一共有两种物质，其中一种是助燃用的，那另一种呢？是什么？”

两个孩子一同回答：“磷[1]！”

“没错，是磷。它是一种非常容易燃烧的物质，轻轻摩擦就可以使它着火，别的物质几乎没有什么能比它更加易燃了。所以，这应该就是我们要找的东西了。不过，在实验开始之前，我们首先要清楚它的性质，我想你们对于它的性质不是很熟悉吧，只是在红头火柴上见到过它。”

爱弥儿说道：“叔父为什么总是提起红头火柴呢？黑头火柴上边的

[1] 摩擦火柴一般是红头火柴，火柴头上是磷。不过现在有一些摩擦火柴改成了别的颜色，然后火柴头上的物质改成了磷的化合物。

不是磷吗？”

“虽然是磷，但并非一种磷。红头火柴用的磷呈黄色，易燃，名叫‘黄磷’，而黑头火柴用的磷是变态的磷，性质不是很活泼，名叫‘红磷’。我们实验中用的自然是易燃的黄磷，而这红磷我将在之后给你们讲解。其实，普通的磷是黄色的蜡状固体，红头火柴之所以红并不是因为磷的颜色，而是因为制作者添加了红色的颜料。不仅如此，红头火柴的火柴头中还含有树胶以及助燃物，所以这些磷都是混合物。我现在要给你们看的，就是纯磷。

“前几天我去城里办事，顺便买回来了一些实验室里的必需品。说到实验室，它是做科学研究的地方，就是科学家们的工作室。我们的这个实验室虽然简陋不少，但是一些基础设备和药品还是要有的，毕竟仅靠双手无法做成大部分实验，只用言传的方法也无法完成我们的真正目的，我需要让你们看到事实，从实验中得出结论，并且让你们看到真实的物质，可以摸、可以闻、可以尝味道，这才是学习的唯一方法。

“设想，如果一位铁匠没有了钳子、锤子，那他就什么也做不出来了，化学实验室中没有了器材和药品，同样也是什么都做不来。所以，这些必需的器材和药品我都会慢慢购置起来，只是我经济方面稍微有一些问题，只能买必需品罢了。还好，遇到困难的时候可以利用一些日常用品来弥补实验器材的不足，还能开动脑筋，一举两得。水盆、瓶子、杯子等同样可以用来实验，并且取得的效果丝毫不差。所以之后我就会按照这个思路和原则去实施了，万一你们长大了，进入了真正的实验室，回想到叔父这些简陋的设备时，一定会感到快乐的。

“不过话虽如此说，有一些困难是解决不了的，只有这种时候我才会去买一些必需品，就比如这种磷。好了，说得有点儿远，我们现在回到正题。”

保罗叔取出一个装满水的小瓶子，放在两个孩子前面。水中有一条一条的，小拇指般粗细的黄色物质。

“这就是纯磷，是一种略带黄色的半透明固体，像是蜂房中的蜡。”

喻儿问："为什么要放在水里？"

"磷在空气中极易燃烧，只要有一点点热就会自燃，所以要放在水中。"

"为什么红头火柴的火柴头不会自燃呢？起码需要摩擦一下才会着火。"

"我之前提起过，红头火柴的火柴头上的磷其实是一种混合物，还有树胶和颜料等，这些东西都将它的可燃性减弱了。不过，只要温度高一些，它同样会自燃。爱弥儿以前不是说过手被烫伤的事情吗，那就是由于火柴头上的磷自燃导致的。现在市场上的黑头火柴开始多起来了，这种火柴使用的是性质不活泼的红磷，在空气中不会自燃。再加上它需要将火柴头与火柴盒侧面的专用摩擦面上摩擦才能燃烧，比红头火柴要安全得多，因此它也被称为安全火柴。"

爱弥儿问道："为什么容易着火的磷泡在水里就不会着火了呢？"

"这个问题我昨天就说过。燃烧需要两种物质，可燃物和助燃物，而这助燃物我们刚才就提到了，是空气中的氧。没有氧的话，易燃物是不可能燃烧的。如果将磷放到水里，水就会把磷和空气隔离开来，于是它便不能燃烧了。

"除此之外，我还得告诉你们一件事。被磷火灼伤是非常疼的，比炽热的铁块或木炭烫伤要严重得多，并且痛感的持续时间更长。所以，这种东西你们轻易不要去碰，虽然为了得到知识要用它来做实验，不过一定要加倍地小心。不仅如此，磷还是一种剧毒物质，只要吃下一点点就会立刻没命，所以你们面对它的时候一定要如临大敌，时时刻刻小心着它的攻击。

"好了，说完这些必须要说的，我们就可以用磷来显示空气的组成了。我们需要用到的只有一小点磷，然后要将它放到一个与外界环境隔绝的、有定容的密闭空间中燃烧。这个实验中磷的燃烧非常剧烈，所以需要用到大一些的容器，以免高温将容器摧毁，造成什么不必要的麻烦。当然，在一些不得已的情况下，放糖果的那种大广口瓶还是可以胜任的，不过，我在药房买了一个新的玻璃钟罩，这个比糖果罐子好用的多。当然，你们在自己使用的时候一定要小心，这可是我们的‘实验室’中非常有用的器材之一。

“看，这是一个玻璃圆筒，透明且无色，上边顶子是圆的，还有一个可以方便拿取的玻璃球。它的名字叫作玻璃钟罩（图6），因为看上去就像个灯罩一般。

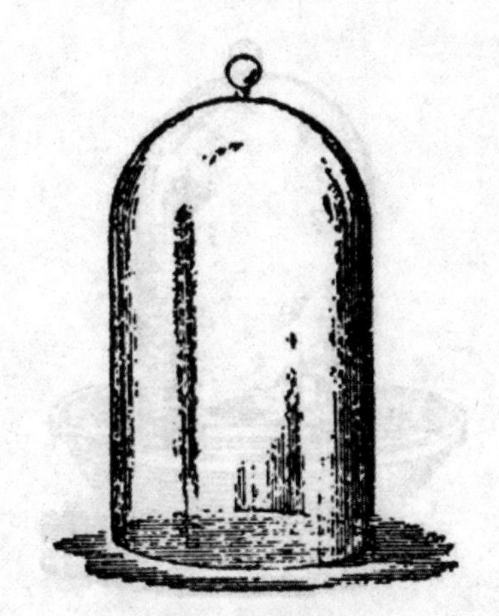

图 6　玻璃钟罩

“解释了这个东西，我们就可以开始我们的实验了。磷的燃烧必须在水面进行，这样才能使玻璃钟罩内外的空气隔绝开来，不至于混杂在一起。所以，我们要用一个能够浮在水上的东西托住它，比如木片。但是木片在磷燃烧的时候肯定会跟着烧起来，所以需要在中间隔上一种不可燃的物质，用瓦罐的碎片就可以。好，现在准备工作已经完成，可以开始实验了。

“首先，我们得取出一小块磷。磷是蜡状固体，所以比较柔软。不过即便如此它切起来要特别小心。如果磷暴露在空气中，就算是小刀的摩擦都有可能使它燃烧，造成烧伤等严重后果。所以我们现在用镊子取出它，并且过程一定要快速，在水中将磷块切下来。现在我演示一遍。”

保罗叔取出一个铁镊子，迅速从瓶中夹出一条磷。当这条磷被取出时，立马就开始冒出白烟，并且散发出强烈的大蒜味。保罗叔说，大蒜味是磷特有的性质，除此之外，如果在黑暗的地方观察白烟，会发现白烟在发光。他取出磷条后，立马将它放入了水中，然后保罗叔在水中用刀子切下了两只豌豆大小的磷并放到了瓦片上。之后的事情完全按照他的计划进行，瓦片被放到了木板上，木板又被放在水面上。这些工作做好后，保罗叔点燃了磷，并用玻璃钟罩罩住（图7）。

**图 7　保罗叔的实验装置**

磷块非常迅速、非常剧烈地燃烧了起来，火焰发出的光芒非常刺眼，并且冒出了大量白烟，甚至能够把整个玻璃钟罩内的空气变成乳白色的。保罗叔急忙向盆中加水，因为盆子里的水已经开始大量进入玻璃钟罩内部，外边的水已经不多了。

随着时间的推移，玻璃钟罩内的白烟越来越浓，火焰几乎已经看不到了，只有偶尔看到一下，就像云层中的雷电一般。不过最后，这些火焰先是闪烁次数变少，渐渐变暗，最后完全消失。

保罗叔说道："现在，这一小块磷已经消耗掉了玻璃钟罩内所有的氧，剩下的大都是氮了。不过，虽然氧消耗完了，但磷并没有消耗完，一会儿你们就会发现这一点了。现在我们等白烟消退，正好可以和你们讨论一下这种烟。这种白烟是磷燃烧生成的，是磷和氧的化合物。你们刚才也看到了，它的燃烧产生了光，并且还有热。你们虽然看不到热，但是一会儿去摸摸那个瓦片就可以了。好，继续说这白烟。这种白烟是溶于水的，正是由于这个原因，罩子里边才会出现空档，水才会流进去。既然这白烟是磷和氧化合的产物，那么其中自然含着氧，白烟一旦消失，整个空间内的氧也就消失了。所以现在只需要看一看水上升到玻璃钟罩的什么地方，就能够知道空气中氧的含量百分比了。在一般情况下，这些白烟溶于水的时间约为半个小时左右，不过如果我们将这容器和液体一起小心地震荡，就能使它们迅速溶进水中。现在我给你们演示一下。”

保罗叔说完，便将玻璃钟罩内的水轻微震荡了几次，之后果然如他所说，罩子内部本来云雾缭绕，现在渐渐清晰，最后完全变回了透明，孩子们也看到了仍有一部分留在瓦片上的磷。这时的磷已经变成了红色，像蜡液一样分散在瓦片上，基本不像是磷了。这时，保罗叔将玻璃钟罩慢慢倾斜，将木片和瓦片等一起取了出来。

保罗叔解释道："虽然他已经被烧成了红色，但是它依旧是磷。我刚才提起过，黑头火柴是用红磷制作的，而这些红色的残留物便是红磷。这些红磷不止形状和颜色与黄磷不同，就连性质都发生了改变。这种红磷不活泼，不用高温加热基本是不会燃烧的。打个比方，黄磷就像是一个健康好动的人，红磷则像是生病静养的人。"

说完，保罗叔便拿着红磷，叫上孩子们到园子里去，让那些有毒的白烟散开。他将瓦片放在一块石头上，将上边的残留物点燃，同样产生了白烟。这就证明残留物同样是磷。

等磷燃烧完毕后，保罗叔说道："玻璃钟罩内的磷没有烧完并不是因为缺少可燃物，而是因为缺少助燃物。我们也看到了，当玻璃钟罩内的燃烧中止时这些磷依然有剩余，就证明缺乏的是助燃物氧。所以说，玻璃钟罩内剩下的就只有氮了[1]。

"这个实验和蜡烛的实验一同告诉我们，空气中含有两种气体，助燃物氧和不助燃的氮。但是蜡烛实验并没有告诉我们这两种气体在空气中的比例，磷的实验才告诉了我们这些。刚才我们用的玻璃钟罩是一个

[1] 其实玻璃钟罩内剩下的气体除了氮，还有水蒸气和别的气体，不过由于量太少，所以忽略不计。

圆筒形，我们可以将其按照高度平均分为五个部分，那么每个部分的容积都是相等的。我们看到，水升到玻璃钟罩被的位置大约是整个玻璃钟罩高度的五分之一，剩下的高度则是五分之四，所以我们可以知道在空气中氮的含量是氧的4倍，也就是说，一共5升的空气中，其中1升是氧，4升是氮。

“好了，今天的实验和讲解就到此为止，明天我们要做的实验需要两只活麻雀，所以现在我们要去设置机关了，明天就去捉。”

# 第9章

# 两只麻雀

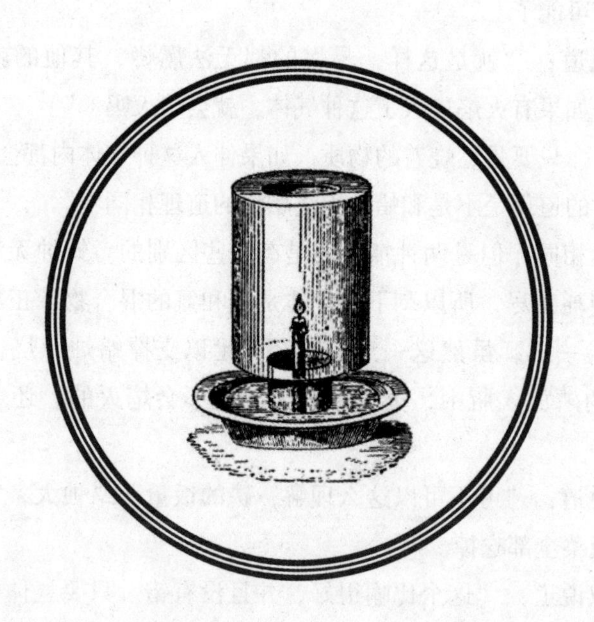

第二天，保罗叔和孩子们捉住了需要的两只麻雀，它们非常活泼，在笼子里跳跃着。孩子们将笼子拿到保罗叔面前，非常渴望知道这次的实验是什么，他们已经把这种像游戏一样的功课当作了一种兴趣。保罗叔自然也是非常高兴的，因为如果想要学习功课并且每天都有进步，就需要喜欢、热爱这门功课，要能从中得到趣味。

保罗叔说："昨天的实验证明了玻璃钟罩内剩余的是不助燃的氮。氮同样是无色透明的，用眼睛是看不出和空气的区别的，不过它的性质和空气区别很大，在氮气中，一切物质都无法燃烧[1]，这一点从刚才的实验中就能够看出来。玻璃钟罩里边还残留着一些没有燃烧的磷，它们已经无法在罩子中燃烧，不过将它们拿到园子里，它们又可以燃烧了，这就证明罩子里的助燃气体消失了。空气中的助燃气体是取之不尽的，所以它才能够在园子里燃烧。

"我们知道磷是易燃的，那么就连它都无法在罩子里燃烧，其他的物质就更不可能了。"

喻儿说道："就是这样，易燃的都无法燃烧，其他的就更不可能了。那么，如果有火焰进入了这种气体，就会熄灭吗？"

"没错，只要是燃烧着的物质，如果伸入这种气体内都会熄灭。"

"其中的道理是不是和蜡烛无法燃烧的道理相同？"

"虽然相同，但是两种情况还是有一些区别的。蜡烛无法将密闭容器内的氧消耗殆尽，所以剩下的气体是氧和氮的混合物。正如爱弥儿自己做的实验一样，虽然这一点氧已经不足以支撑蜡烛燃烧，但是如果将更易燃的磷放入瓶中，火焰在一开始是不会熄灭的，还会烧上一小会儿。"

喻儿说道："可不可以这么理解，磷的饭量比蜡烛大，它能够将蜡烛吃剩的饭菜全部吃掉。"

保罗叔说道："这个比喻很好，并且没有错。只要气体中含有氧，磷就能够燃烧，并且将它们消耗殆尽，如果没有了氧，自然也就不会燃

[1] 其实，如果将燃烧定义为发光发热的化合反应，那么镁等活泼金属是可以在氮气中燃烧的，生成氮化镁。——译者注

烧了。”

爱弥儿说：“叔父说的非常明白了，不过最好还是能用一个实验来证明一下。”

保罗叔说道：“这个实验我是一定会做的，不过做之前需要把玻璃钟罩内的一部分气体转移到广口瓶中。先前你们也看过我操作了，现在你们可以自己做一下。我们放玻璃钟罩的盆还是太小了，所以我们得用那个盛满水的木桶。”

说完，保罗叔便拿起玻璃钟罩，和盆一同拿到了木桶里，当玻璃钟罩的下端没入水中后才把盆抽走。喻儿拿着一个盛满水的，瓶口在水面以下的广口瓶，当保罗叔倾斜玻璃钟罩时，气体就一点点跑到广口瓶中去，并将它充满了。做完这一步，保罗叔将盆放回玻璃钟罩底部，将它们放回桌上，之后用手掌堵住广口瓶，将它取出放在桌上，用玻璃盖住了瓶口。

“现在，这个瓶子里已经充满了氮气。我们要用什么东西检验一下呢？硫黄？磷？还是蜡烛？”

爱弥儿说道：“那么就先用蜡烛吧，蜡烛最不容易燃烧。”

于是他将一根点燃的小蜡烛用铁丝穿起，缓慢地伸入瓶子。蜡烛的火焰在进入瓶口的瞬间就熄灭了，整个过程非常迅速，一点都没有拖延，就和把蜡烛扔到水中没什么两样。

爱弥儿叫道：“上一次实验并没有灭得这么快，还会稍微停留一会儿，当伸入瓶底的时候才熄灭。不过这次的实验，当蜡烛在进入瓶口的时候马上就熄灭了！我们再用磷来试试。”

“相信我，磷同样不会燃烧的。”

保罗叔依照之前的样子，用原来那片瓦片装了一小块磷，点然后用细铁丝缠着向瓶中伸入。果不其然，那块磷立即就熄灭了。

爱弥儿认为硫黄最易燃烧，于是又用硫黄去试，但结果还是和前两次一样。

保罗叔说：“不用试了，因为结果都是一样的，氮不是助燃物。

“我们现在要用麻雀来做实验了。化学上，这两只麻雀有何用途你们应该还不清楚，不过我能告诉你们的是，它们会带来一些好玩的事情。好了，现在我们开始吧。第一步应该是换一瓶氮，因为刚才用原来的氮做过实验，氮已经不纯了。那么，我问你们，如何将其中的气体放空呢？”

爱弥儿不假思索地说道：“想要放空气体，倒着放就可以了啊。”

保罗叔说道：“可没有这么简单。瓶子里的气体和外界的气体差不多重，如果我们想‘倾倒’出瓶中的气体，应该是不可能的。”

“啊，这一点我没想到。那么，我们往瓶子里吹气，不就把里边的气体吹出来了么？”

“这样倒是没有什么错误，只是，你真的能确定里边的空气全被吹出来了吗？里边的空气是无色无味的，到底出没出来，里边还有没有等这些问题我们都不清楚，就算你把里边的气体吹了出来，换进去的也是你呼出的气体，它们同样难以驱赶，所以就这样出出进进，瓶子里边的气体永远都不会被赶走。”

“啊，不想的时候觉得容易，越想越觉得不容易了！哥哥他虽然没有说，不过应该也是没有办法的吧？”

喻儿说道：“是的，我承认我不知道。这是一个非常小的事情，但是我还真的没有什么好办法。”

“不要花心思想了，看看我是怎么做的。”

保罗叔拿起瓶子，将它放入水里，不一会儿，瓶中就灌满了水。

“好了，现在瓶子里的气体已经被水挤走了。”

孩子们说道：“是这样没错，不过瓶子里现在有水了。”

“那又怎么样？我们装第一瓶气体的时候不就是这样吗？”

“哦！原来是这样！果然很简单，不过还真是想不出来，就像你昨天说的那样。”

保罗叔说道：“现在给你们谈一些题外话。从前的飞行家和旅行家们有时会把他们去过的地方的空气装回来，用于检验世界各地的空气成分是否一致。他们去到的地方各种各样，山顶、高空等，那么他们是如何收集空气的呢？答案就是利用我刚才所说的那种办法。他们先带上一个装满水的瓶子，到达采样的地方后将水倒掉就可以了，空气自然会充满整个瓶子。这时，只需要将瓶口盖住，就可以把空气带回来了。

“好，这些题外话就说到这，我们现在来开始麻雀实验吧。我这里已经装好了一瓶氮，现在我把它放到装有空气的瓶子旁边。现在，两个瓶子是一样的，瓶口都盖有玻璃，里边的气体也同样无色无味，从外观上区分是看不出什么的。现在我要把两只麻雀分别放在两个瓶子中，不过首先，我想问一下爱弥儿，如果你变成了麻雀，那么你愿意生活在那个瓶子中呢？”

爱弥儿说：“如果在一个星期之前问我这个问题，我会觉得在哪里都是一样的，因为它们看上去并没有区别。不过现在，说实话，我对这种看不到的东西开始感觉害怕了，能够使火焰熄灭的氮显然不太可靠，我也不懂氮的性质。相比之下，我对空气还算熟悉，所以我还是选择信任空气，所以，如果我变成了麻雀，肯定会选择在装有空气的瓶子里生活。”

“你的选择很正确，过一会儿你们就明白怎么回事了。”

保罗叔从笼子中取出麻雀，分别装在两个瓶子里，又盖好了玻璃。孩子们注视着两个瓶子，想要看看接下来到底会发生什么。

在装有空气的瓶子中生活的麻雀并没有什么不对劲，它拍打着翅膀，啄着玻璃瓶壁，想飞出去，但是每次都会掉落下来。由此可见，它只不过是失去了自由罢了。这只麻雀不停地挣扎，试图逃出瓶子，但很显然，它除了恐惧和惊慌，和其他的麻雀没什么区别。

然而，在装有氮的瓶子中生活的麻雀就不是如此了，它放进去不久就像是昏过去了一般躺在了瓶底，张大了口，不停地转动身体，就像是快要死了一般。又过了一会儿，它开始全身抽搐，不停地开合它的嘴，非常费力地挣扎着，最后又一动不动，显然是已经死掉了。相比之下，另一个瓶子中的麻雀仍然在精神地挣扎着（图8）。

保罗叔说道：“这个实验的确不是个很有趣的实验，你们肯定会感觉到不舒服。为了做这个实验而使麻雀受苦，这违背了你们善良的天性。不过，麻雀除了要吃虫子，还会啃食谷粒和作物幼苗，所以我才选择了它们做实验对象，不必为这只麻雀的死亡而感到不舒服。”

图8　两只麻雀截然不同的反应

保罗叔将两只麻雀取出。

第一只仍然和之前一样欢快活泼，第二只却四肢紧缩，一动不动地仰着躺在桌子上。两个孩子看着它，不明白它为什么会死掉，还希望它能够醒过来。

保罗叔说道：“你们不要希望它会醒了，它已经死掉了，永远不会活过来了。”

喻儿问道：“氮是有毒的吗？”

“不，氮是无毒的。你想想看，空气中含有这么多氮，我们又一直在呼吸着空气，并且也没有中毒，这就证明麻雀是因为其他原因而死的。”

“这个原因是什么呢？”

“蜡烛能够在空气中燃烧，但是进入氮后便熄灭了，这并不能说氮能灭火，只是没有了助燃物氧而已。空气中含有这么多氮，如果氮真的能够灭火，那么在空气中的火焰也就不会产生了。综合起来就是说，烛火之所以会熄灭，是因为缺少了氧，而不是因为氮。

“如果人掉进水里就会溺死，那么能不能说水是有毒的呢？不能，没有一个人会认为水是有毒的，因为我们的生活就是离不开水的，人溺亡是因为缺少了空气，和水其实是无关的。自然，这只死掉的麻雀也可以说是溺死在了氮中。我们并不能说哪一个瓶子中没有空气，因为氮也是空气的一部分，所以说，麻雀的死是由于缺少了可以使动物生存下去的某种物质。这种物质能够在动物体内产生作用，使动物生存，就像可以使烛火'生存'一样。

"空气的成分我曾多次提起过，那就是氮和氧，这个实验最大的区别就是一个瓶子中有氧而另一个却没有氧。从麻雀的死亡和蜡烛的熄灭中可以得知，氧是动物生存的关键，也是燃烧的关键，生存和燃烧其实是相似的，不过需要明白其中的联系，也就是氧。当我们了解氧后，我们才会真正发现生命和火焰的相似之处。"

喻儿和爱弥儿你看看我，我看看你，没想到叔父竟然把生命和火焰连接在一起。

保罗叔继续说道："不用太惊讶，我说的话都是有科学依据的，每一句都是和事实吻合的。当蜡烛燃烧的时候，虽然不能说是有生命，但是也和生命差不多：它们都需要氧，一个是为了使火焰延续，一个是为了使生命延续；它们无法在氮中燃烧和生存，因为没有氧，这一点正是麻雀死亡的真正原因。"

爱弥儿问道："其他动物也会像这只麻雀一样吗？"

"一切动物在氮中都要死亡[1]，不过它们在氮中存活的时间是不同的。动物都需要氧，氮在这方面没有办法替代氧，所以在氮中动物是无法生存的。这个实验有多危险你们也看到了，如果这个实验不会伤害小动物的性命，我们可以将园子里能够找到的小动物都放到氮里试一试，看看是不是会立刻死亡。氧是动物们的必需品，但是动物们的需求量却不同，有一些能够在氮中生存很久，但是有一些却很快就死掉，比如刚才的那只麻雀。不过不管怎么说，最后总是要死的，这是一个大规律。最需要氧的是鸟类，它们的呼吸频率很快，其次是哺乳动物，如猫狗等，再其次是蛇和青蛙等动物，最后是昆虫，它们能够在氮中生存好

[1] 其实有些生物可以在无氧状态下生存，比如酵母菌，其可以进行无氧呼吸。——译者注

几天。

“这个事实很重要，我们肯定是需要再做一次实验的。刚才我们的捕鼠器抓到了一只老鼠，就算我们不杀死它，这个可恶的东西也会被猫吃掉，所以我们就用它来做实验吧。爱弥儿，去把那家伙拿过来。”

爱弥儿没过多久就将捕鼠器取来了，保罗叔又重新换了一瓶氮，然后将老鼠放到了瓶子中。那只老鼠起先还看不出怎么样，在平地兜着圈子，撞着瓶壁，想要跑出来，似乎很是惊慌，并没有别的状态。不过过了没多久，它就跑不动了，躺在地上，四肢抽搐，就这么死掉了。这一段时间总共约几分钟，比麻雀存活的时间稍长。

保罗叔说道：“可以把这只老鼠送给猫了，以后倒是不必做这些关于动物的实验了。好，现在我们来总结一下刚刚得到的信息：氮占了空气的五分之四，和氧一样是无色无味的气体。它不支持燃烧，蜡烛进入氮中就会熄灭；它不支持生存，动物无法在氮中长时间停留。不过氮本身和燃烧以及动物的生死无关，也没有害处，动物死亡和蜡烛熄灭仅仅是因为缺少了氧而已。”

# 第10章

# 磷的燃烧

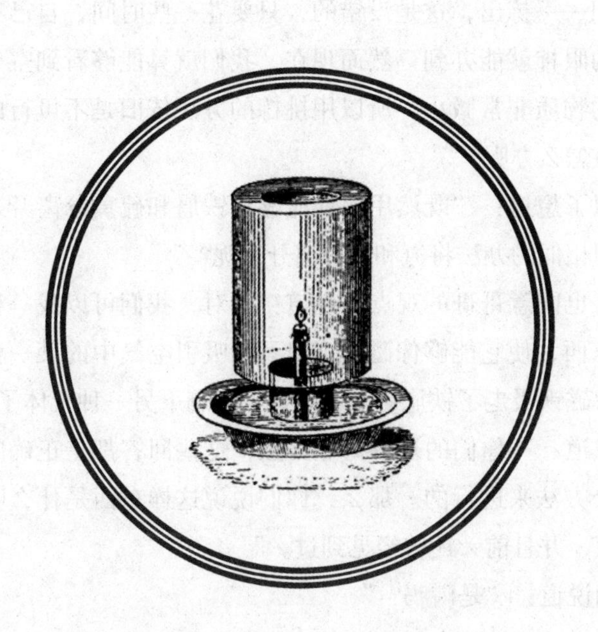

这天，保罗叔将装有磷的小瓶子放在了桌上的铁匣子里，又把玻璃钟罩拿了过来，放到了一个装满了石灰的盆子上，看来是要做新的实验了。

孩子们问道："叔父，这次准备给我们看什么实验呢？"

保罗叔回答道："你们对于空气的了解还不完整。你们现在熟悉了氮，但是对于氧却只知道它的含量和名字，以及动物的生存和物质的燃烧都需要它。不过，氧到底是一种怎样的气体呢？如果是纯氧又会有怎样的性状呢？这个问题非常重要，我正在想办法帮你们解答。

"现在我们都知道5升空气中有1升的氧和4升的氮，那么我们要得到纯氧或者纯氮，就需要从空气中制取。我之前曾说过空气是一种混合物，氮和氧是混合而不是化合的，所以要分开它们并不像分开化合物一样困难，不过由于这两种气体都是看不见摸不着的，所以就算是分开空气这种混合物也是非常困难。还记得之前铁和硫的混合物吗？爱弥儿说可以把它们一一拣出，这是没错的，只要花一些时间，自己有灵巧的手指和敏锐的眼神就能办到。然而现在，我们就算能够看到空气，但是混合在其中的物质非常微小，所以用挑拣的方法依旧是不可行的。那么，我们到底该怎么办呢？"

喻儿想了想道："既然用磁铁能够将铁屑和硫黄分离开来，那么我们能不能用相似的办法将氮和氧分离开来呢？"

爱弥儿也同意哥哥的观点，说道："对，我们可以找一种和磁铁功能类似的东西，使它能够像磁铁一般只能吸引空气中的某一种气体，这样就可以像磁铁吸走了铁屑剩下了硫黄一样剩下另一种气体了。"

保罗叔道："你们的理解力非常强，这些回答都是正确的，我也是准备用这个方法来进行的。那么，你们说说这样东西是什么呢？其实你们早就知道，并且前天还曾经见到过。"

孩子们说道："是磷吗？"

"没错。玻璃钟罩内的磷燃烧时，不是吸收了氧而留下了氮吗？"

"对，就是这样。"

"这不就像是磁铁吸走了铁屑而留下了硫黄一样吗？"

“嗯！”

“磁铁无法吸引硫黄，于是这两种物质才会被分开，一样的，磷燃烧无法消耗氮，所以同样能把这两种物质分开来。”

喻儿道：“我记得我们用磁铁吸住铁屑后，可以将铁屑弄在另一张纸上，那么我们能不能是用磷吸收氧之后再让它把氧分离出来呢？”

保罗叔赞许地道：“这个想法不错，但是我需要告诉你们的是，这个方法并不可行。铁屑只是被吸引，能够被轻易放下，但是，你们也知道磷燃烧需要很多的氧，所以如果磷和氧化合了，那么让它将氧吐出来是极其不易的，只能使用强迫的手段，当然，这种手段是我们这个简陋的实验室无法完成的。”

喻儿有一些不快，说道：“这个方法不行的话我们可以反着试试。请问有没有和磷正好相反的药品？也就是那种能够吸收氮留下氧的那种？如果有的话事情就简单许多了。”

“虽然简单，但是……”

“这个方法也有问题吗？”

“对，有问题，并且难以解决。要知道，氮是一种非常不活泼的元素，一般都不和其他元素发生关系。它比较讨厌化合反应，如果不使用特殊的办法，它是不会和别的物质化合的。所以说，吸收氮留下氧这一思路是不可行的，因为结果只能是失败。

“不过，我们就要这么结束么？并不是，我们现在回过头来看第一种方法。虽然磷和氧化合后想要将氧吐出来非常困难，但是不代表别的物质和氧化合后再将氧吐出来是同样困难的，很多物质都会轻易地将自己拥有的氧让给其他物质。所以现在我们就来研究一下，如何将氧储存在燃烧过后的化合物中，并且我可以告诉你们，这个实验仍然需要磷。

“还记得磷燃烧时放出的白烟吗？这些白烟很容易就被水吸收了，如果我不告诉你们这一点，你们肯定会认为是火将物质消灭了。当然，我这么说是没有证据的，现在我打算做一个实验来充当我的证据，也就是：火无法消灭物质，无法改变物质存在与否，只能改变物质的性状。当然，除了这一点，我们的目的还有一个：告诉我们因为燃烧而引起的氧的储存。

“磷燃烧时产生的白烟易溶于水，我们如果想要保存白烟，就不能选择有水的环境。因为空气中有雨水、露水，还有水蒸气，看上去很干燥的空气都不免会有水，会吸收磷产生的白烟，所以我们在燃烧磷的时候，一定要用完全干燥的空气。

“这些生石灰就正是用来制作干燥空气的，它们是刚刚从石灰窑里弄出来的，是没有潮解过的石灰。我想你们应该知道石灰放久了会怎样。”

喻儿说道：“如果石灰在空气中放置太久就会碎成一块一块，变成粉末，就像是把水洒在石灰上一样，只不过前者比后者慢一些罢了。”

“很正确，如果在石灰上洒水，就会使石灰碎裂成块，最后变成粉末。如果石灰在空气中放得太久，同样也会变成粉末，只不过会慢一些。这些生石灰吸收了空气中的水并且越积越多，最后就产生了和洒水在上边同样的结果。根据这一点，我们得知石灰是可以吸水的，我们用它来干燥空气是再好不过了。

“刚才我已经在大盆的中间放上了一小盘生石灰，将玻璃钟罩盖在了上边。等这个过程结束后，里边的空气就会完全干燥，磷产生的白烟就无处可去了，我们就可以进行实验了。”

过了一会儿之后，保罗叔从水中的磷条上切下一小块，用吸墨水纸吸干上边的水分，之后提起玻璃钟罩，迅速用磷块代替了石灰盆并点燃了磷块。这次的燃烧现象最初和之前并无不同，亮光和白烟都和之前一样。不过过了一会儿之后，情况就发生了改变：白烟凝结成了白色的片状物缓慢下落，就像是飞舞的雪花一般，最后，盆子上便遮盖了一层白色的“雪”。

保罗叔说：“爱弥儿，对于这些白色物体，你怎么想？”

爱弥儿说道：“这很奇怪，谁能知道火会带来雪呢？当然，这些东西应该并不是雪，只是比较像而已，它肯定是从燃烧的磷里产生的。”

“没错，这是必然的。这种物质虽然像是雪，但并不是雪。我们现在要让这些雪多一些，所以我得让快要熄灭的火旺起来。”

说着，保罗叔略微提起玻璃钟罩，那行火焰立马变得明亮了。

“氧的含量减少的话，磷就无法燃烧了，所以我刚才提起了玻璃钟罩，放了一些含有氧的空气进去，所以火焰就又旺盛起来了。现在我们继续放入空气，让这雪花多起来。”

在补充了三四回空气之后，盆子上的“雪花”已经堆积了很厚的一层。于是保罗叔用铁钳将用来放置磷块的瓦片取出，放到了园子中，避免白烟充满屋子，使人感觉不适。

保罗叔说：“现在我们来检验一下盆中的东西。我想你们应该知道这些‘雪花’是磷燃烧生成的，燃烧没有消灭掉磷，而是将它变成了现在的‘雪花’。这样的改变非常巨大，如果你不知道这些东西到底是什么，我想你们肯定猜不出它们的性质。根据这一点，我再次重申：火焰无法消灭物质，虽然看起来是毁灭了好些东西，但是只是将它们变成了别的东西罢了，有的时候是无色气体，有时候就是这些白色固体一样的能够看到的东西。现在这些生成物能够触摸和闻嗅，正是被火焰毁灭掉的磷。虽然磷单质不见了，但是磷元素却出现在了这些白色物质里，仍然存在于这个世界。所以这也正印证了我总是提起的那一点：物质是不灭的，火焰无法真正消灭物质。

“在化学研究中，有一种甚至能够称量苍蝇翅膀的精确天平。如果现在我们拥有这种天平，那么就可以分别称量磷在燃烧前后的重量，然后进行比较。不过，这样需要多次通风，让磷块能够完全燃烧，并且在燃烧完毕后，需要用羽毛将这些‘雪花’全部聚集起来，放到天平上去称量。那么，现在我们称出了磷块和‘雪花’的重量，那么哪一个更重些呢?

“如果有人依然认为火能够消灭物质，那他肯定会认为燃烧后的重量要比燃烧前的重量要轻，因为在他们看来，就算火无法消灭全部的磷，也会消灭其中的一部分。然而你们已经知道了这种想法的错误之处，也做过不少的实验，那么你们应该会给出正确的回答。”

喻儿非常肯定地说：“是的，我非常确定已经燃烧的磷要比没有燃烧时重。”

“为什么呢？作出判断是需要理由的。”

喻儿说：“理由很简单，叔父曾经说过，物质在燃烧时会和氧化合，虽然氧是看不见摸不到的，但它是有重量的物质，所以不管氧的重量多么小，物质和氧的化合物肯定要比物质本身重。”

保罗叔赞许地说道：“不错，你回答得非常正确。已经燃烧的磷重量本应和磷块相同，但是由于加入了氧，导致重量有所增加。如果我们有一台精确的天平的话，这一点就非常容易发现了，它会非常精确地证明这盆雪花般的物质要比原来的磷块重一些。使这些白色固体增重的原因除了氧，就没有别的东西了，所以磷在燃烧时将氧储存在了里边，形成了这些白色物质。这些氧已经不再无色透明，不再占有非常大的空间，也不再是气体，而是变成了这些白色物质的一部分，它可以看到，可以触摸，并且所占空间极小。换句话说，它已经被化合作用采集了过来，经过压缩后装到储藏室去了。

“其实不管是什么物质，燃烧时都有一样的化学作用，就是将氧储存起来。如果小心一些，将燃烧后剩下的全部物质称重，重量一定比燃烧之前大，超出的部分就是化合时吸收的氧。一般来说，可燃物燃烧后的生成物非常稳固，将氧气管的非常紧，如果想夺走氧，就必须用非常大的力气。不过，也有那些非常容易将氧放出来的化合物，我们可以在这种物质中选取一种用来制取纯氧，不过现在我们需要将手头这个实验结束掉。

“盆中这些雪花般的白色固体虽然是磷燃烧生成的，但是它本身却无法燃烧了，就算给它加再热的火也不行，因为一般来说，燃烧过一次的物质便无法再次燃烧。就以这次的磷为例，因为磷已经和足够多的氧化合，无法再次吸收氧并化合了，所以这种白色固体已经无法再燃烧。做一个实验的话就会更加清楚，这可比讲道理要更容易解释事实。”

保罗叔将一些白色粉末撒在了炽热的炭火上，炭火烧的足够旺，但是这些白色粉末依然没有燃烧，可以看出它已经失去了可燃性。

保罗叔说道：“如果你们没有学到化合物以及化合物的生成，这个实验一定会让你们大吃一惊，因为这些物质本来能够燃烧，现在却不能。不仅如此，这些固体本来有大蒜味，但是现在却是无味的。当然，如果想用手直接去摸这些粉末是绝对不行的，如果将它放到嘴中去尝味道更是不行，它的性质非常猛烈，你一定会疼得叫出声的。”

爱弥儿道：“这种粉末竟然这么可怕？”

“没错，就是这么可怕。将这种物质放在舌头上，比一滴熔化的铅掉到舌头上还要疼。”

“这些物质看上去可没有这么可怕。”

“你不要过分去相信它的外观，从外观中是看不出什么的，但是却可能是非常危险的物质。如果事先就有警觉，那就可以做好防备。在实验室中，味道很不错的东西是几乎没有的，大部分的物质味道都很糟糕。不过，为了让你们对这种物质的味道有一些印象，我可以将它们溶解在水中，减少尝味道时舌头的不适感。”

保罗叔将盆里的东西用羽毛扫到一杯清水中，这些粉末颗粒刚一接触水就发出了嗤嗤的声音，就像是铁匠们经常做的淬火一样。

爱弥儿问：“这种粉末肯定很热吧，不然的话为什么会发出声音呢？”

“不，这种粉末并不热，发出声音不是因为这个原因。我之前已经提到过，这些粉末非常喜欢水，所以在制取它们的时候才会用生石灰除掉空气中的水。现在我已经将这些粉末放入了水中，它们非常迅速地溶解，所以才发出了这种声音。

“看，这些粉末已经不见了，它们已经溶解在了水中。这种溶液的外观并没有多大变化，和水是一样的，无色且透明。你们现在伸出手指，沾一点尝尝看？别怕，现在可以试着尝一下了。”

孩子们都还记得刚才保罗叔说过的熔铅一事，所以还是有些犹豫。不过当他们看到保罗叔用小指沾了一点放在舌尖，孩子们才敢学着样子去尝试一下这种溶液的味道。

这一尝，让他们两个的眉头瞬间皱紧，不停地叫道：“啊！这东西比醋还酸！如果叔父没有把它们放到水里，还不知道要酸成什么样子！”

“现在你们的舌头是不是感觉到了疼痛？和这些溶液接触的部分马上就会被这东西腐蚀，并且可以听到嗤嗤声，就像是热铁块和唾液相接触的那种声音。”

“也就是说，这么酸的东西并不是醋了？”

“没错，虽然它味道像醋，但是并不是醋。好，现在我们来继续讨论。这个东西除了味道非常酸以外，还有一些性质需要我们用实验去发现。看，这是我从园子里摘下来的紫罗兰，我现在将一朵蓝色的花放入这杯溶液中。看，它变成了红色。其实，所有像紫罗兰这样的蓝色花朵放到酸性溶液中都会变红，当你们有时间了，可以去院子里采些花朵试试。

“还有一点，除了磷外，硫、碳、氮等大部分非金属和氧发生化合后的物质溶于水时都能够产生使蓝色花朵变红的化合物，这种化合物溶液在化学中称作‘酸’，而没有溶于水的这些物质在化学中称为‘酐（意为干燥的酸）’。酸和酐有很多种，一般是依靠形成它们的元素来进行区别，比如磷燃烧后的产物称为‘磷酸酐’，溶于水后则称为‘磷酸’。”

# 第11章

# 金属的燃烧

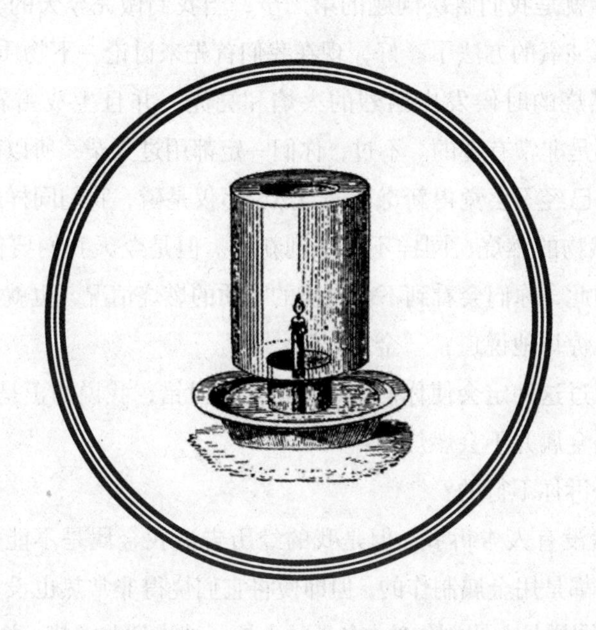

孩子们将园子中能够找到的花朵都放到磷酸中试了一遍，结果正如保罗叔所说，蓝色的花朵全部变为了红色，而其他诸如黄、白、红等颜色的花朵则没有变，还是原来的颜色。测试过这些之后，保罗叔便招呼他们用磷酸去做一些新的实验。

这一次，保罗叔弄到了一台正在燃烧的小型风炉，一个手电筒电池上的金属壳子，一个铁汤匙，以及一些手指般长短的，有金属光泽的灰色带状物质。孩子们并不知道这是什么东西，不过保罗叔打算在合适的时候告诉两个孩子，所以之前并没有提起过这种物质到底是什么。

“上一次，我们碰到了一个棘手的问题，就是如何得到纯氧。今天我们就来继续讨论，并且寻找可行的办法。

“从昨天的实验和讨论中我们得知，非金属燃烧形成的酸中有从空气中吸收的氧，得知这一点是我们今天解决问题的根本，也是第一步。今天的实验比昨天的更有趣，你们一定会惊讶不已的，而这个让你们惊讶的实验，就是我们解决问题的第二步，当我们做完今天的实验后就可以发现制取纯氧的方法了。好，现在我们首先来讨论一下物质的燃烧。

“磷燃烧的时候发出猛烈的火焰和亮光，并且生成雪花状的磷酸酐，这些都是非常有趣的。不过，你们一定都用过火柴，所以已经看惯了磷的燃烧，已经不会觉得新奇了，当然，不仅是磷，我们同样经常看到一些常见易燃物的燃烧，同样不会感到新奇。但是今天我们要做的这个实验则并非如此，你们会看到不会燃烧的物质的燃烧情况，也就是金属。”

爱弥儿惊讶地说道：“金属？”

“我说过这一定会使你们惊讶不已的。没错，我说的正是金属。”

“但是金属并不会燃烧啊！”

“谁告诉你不行的？”

“虽然没有人告诉我，但是我的经历告诉我金属是不能燃烧的，火叉、火钳等都是用金属制作的，但即使将它们烧得非常热也没见它们燃烧起来。火炉同样是金属制作的，冬天的火炉会被烧到非常热，并且变红，但是也没有燃烧起来啊。如果金属真的能燃烧，那这火炉都会烧没了吧。”

“如果这么说的话，爱弥儿，你是不相信我说的话了？”

“这怎么能信呢？如果说金属能够燃烧，那么水也能燃烧了。”

“水为什么不能？我在日后会演示给你们看的，水其实也能燃烧。”

“真的吗？”

“是真的，孩子。以后我肯定会演示给你们看的，水里边其实含有很好的燃料。”

爱弥儿见保罗叔如此坚决，也就不再说什么，只是等着观察自己认为不可能的金属的燃烧。

保罗叔说：“铁制品之所以不会燃烧起来，是因为这样的温度还不算高。如果温度非常的高了，铁自然会燃烧起来。想想看，铁匠铺的铁匠们从炉子中取出烧红的铁条时，铁条是不是会冒出烟花似的火星，将整个铁匠铺照亮？这其实很容易见到，这就是铁接触空气后产生的燃烧现象，这些火星就是铁条表面的一小部分铁燃烧所产生的。爱弥儿，现在你相信我的话了么？”

“相信了。在化学中，很多我们认为不可能的事都是可能的。”

“除了这一点，我还要向你们说一些事。烟花厂在制作烟花的时候，为了能让烟花更加绚烂，颜色更加鲜艳，往往会在火药中加入一些金属。比如铜会产生绿色的火花，铁会产生白色的火花，每一小粒金属在碰到火焰时都会变成一点火花。烟火之所以有这么多种颜色，正是因为里边加入了不同的金属。当然，关于铁的燃烧我在以后会带你们去铁匠铺参观，不过现在我还是打算添加一个实验，一个金属燃烧的例子。

“你们应该见过小刀砍在燧石块上时发出的火星，这些都是从小刀上掉下来的微小铁粒，它们因为碰撞震动、摩擦等因素而吸收大量的热，燃烧了起来。除此之外，石匠在凿石头的时候以及马蹄铁和石头摩擦的时候都会产生火星，这些都和上边的情况相同，这些都证明铁的确能够燃烧。虽然你们可能对这一结论产生怀疑或是感到惊讶，但是这的确是非常常见的事实。

“好，现在我们来讨论一下另一种金属锌。我现在拿的是从旧电池上卸下来的金属壳，原料就是锌。它的表面呈灰黑色，但是当我们将外边这一层刮开后就发现里边是银白色的，这才是锌真正的颜色。现在我们要做的就是点燃这种金属，也就是锌，这其实并不困难，只需要用炽炭烧它就行。和一些可燃非金属相同，有一些金属着火点低很容易点燃，而有一些着火点高则不容易点燃。我们用非金属做例子，比如磷，它只需要碰到火焰就会燃烧，但是硫黄却比它困难，木炭则更困难。金属也是如此，铁需要在熔炉中达到非常高的温度才会被点燃，但是只需要烧一些木炭，达到的温度就足以将锌点燃了。不过，有一些金属比锌更容易燃烧，我在之后将会给你们解释。

"现在我们还是来让锌燃烧。你们也看到了，我已经剪下了一点锌片放到了这个铁匙中，并且已经将它放到火焰上了。所以，如果你们还有什么问题的话，我想这个实验就足以说明了。"

事情的一切都按照保罗叔所说的发展着，很快，锌片便被烧熔了。等到铁匙发红之后，保罗叔立马将炭火拨开，用一根铁丝搅拌着锌水，试图让它与空气接触。不久，锌水中就发出了非常耀眼的淡蓝色火焰，如果搅动得快，火焰就比较旺，如果搅动得慢，火焰就弱。孩子们非常惊讶，目不转睛地看着锌水发出的火焰。他们看到，有一些鹅毛般的东西从火焰中飞出，飘浮在空气中，就像是秋天的早晨田野中飘着的那种白色冠毛，让他们惊叹不已。不仅如此，就连铁匙中那些锌水的表面同样也开始泛白们就像是长出了一层绒毛，它们被热气流吹动，便飞扬起来。

保罗叔说道："这些白色物质就是锌燃烧时和氧化合后生成的化合物。这种白色物质和锌的关系就像是雪花状磷酸酐和磷的关系。不过现在它们的量还太少，等它们产生再多一点，我们再来实验它的性质。"

喻儿代替了保罗叔的工作，搅拌着锌水，爱弥儿则是追逐着那些白色物质，将它们轻轻吹起。于是，这些白色物质飞舞在整个屋子，似乎会一直漂浮着，永远不会落下。

没过多久，锌已经全部燃烧完毕，全部变成白色物质了。保罗叔在铁匙冷却下来之后将其中的物质倒了出来，说道："你们也看到了，燃烧过后的锌是白色的物质。这种物质和你们曾经尝过的磷酸不同，它是没有味道的，如果你们将它们放在舌头上是品不到什么滋味的。"

爱弥儿看来是还没有忘记品尝磷酸时的感觉，所以在尝这种白色物质的时候比较迟疑。不过当他将这种白色物质放到舌尖的时候，他才非常肯定地说道："保罗叔说的没错，这种物质是没有味道的，和砂石木屑一样。"

喻儿说道："我也没有尝出味道来。我很不明白，为什么我们烧掉磷之后得到了酸，但是烧掉锌之后的物质却没有味道呢？"

保罗叔说道："我想我们可以来研究一下其中的原因，看，现在我已经把粉末放在水中，并且搅匀了。还记得吗？磷的燃烧生成物非常容易溶于水，甚至会发出嗤嗤的声音。但是发现没有，这些白色粉末粉末并没有溶解在水中。

"那么我们将得到的结果结合起来：磷的燃烧物易溶于水，有强烈酸味；锌的燃烧物不溶于水，没有味道。这种情况可以对比盐和糖，前者溶于水后是咸味，后者溶于水后是甜味。石头砖瓦等不溶于水，这两种东西都没有味道。所以，结合我这些说辞，你们有没有找到这种情况出现的原因呢？"

喻儿说道："我想我明白了，如果某物质有味道，那么它一定能够溶于水。"

"没错。不管味道是咸的还是苦的，浓的还是淡的，又或者是甜的还是酸的，只要是有味道的东西就一定能够溶于水，不溶于水的东西就不会有味道。如果某种东西想要刺激味觉神经，给舌头留下印象，那么就必须溶于唾液，除非这种物质本来就是液体。因为物质只有在溶于唾液后才会分裂成微小的粒子，和味觉器官接触之后就产生了味道。我们都知道唾液的最重要组成部分就是水，所以不溶于水的物质就不会溶于唾液，就没有味道产生，所以说你们要记住，如果你们看到了不溶于水的物质，那么就不用想品尝它的味道了，因为它肯定是没有味道的；相反，如果某种物质溶于水，那么它一定有味道，不过有的时候我们感觉不到它的味道，比如味道特别淡的阿拉伯树胶。

"于是现在再来做一次总结：锌燃烧过后的白色生成物不溶于水，所以没有味道；磷的燃烧生成物溶于水，所以有非常强烈的味道。"

爱弥儿说："的确，我的舌头都被刺痛了。不过我还有一个问题，既然锌的燃烧生成物不溶于水，我们无法感觉到它的味道，那么它真正的味道是什么样的呢？和磷的燃烧生成物一样吗？"

"这个问题谁都不知道答案。"保罗叔说道，"因为谁都没有尝过它的味道。不过我们可以做个猜测，因为99%的化学品味道都非常恶劣，所以，估计它也是如此。好了，现在我要再做一个实验，同样是燃烧一种金属。这个实验算是今天的实验中最有趣的一个了。看到这个小瓶子了吗，这里边就是我们这次实验的材料。"

爱弥儿说："就是这种像灰色丝带一样的东西吗？"

"对。"

"这东西看上去好像不能燃烧啊。"

"不要从外观去断定性质，因为外观是常常会骗人的。现在你们仔细看好。"

保罗叔说完，从小瓶中取出了那些灰色的带状物体。这种东西和钟表上的发条差不多，又窄又薄，并且很富有弹性。保罗叔拿出小刀在上边划了一道印子，于是在灰色的外层下露出了金属光泽，于是孩子们知道了这的确是一种金属。

爱弥儿说道："看这颜色，应该是锡或者铅吧。"

喻儿说道："我认为更像锌或者铁。"

保罗叔摇了摇头，对两个孩子说道："你们都猜错了，我想你们之前都没有见到过这种金属，甚至没有听说过。"

爱弥儿关切地问道："那么它到底是什么呢？"

"这种金属叫镁。"

"镁……这的确是一个陌生的名字，我们没有听说过。"

"你们还有很多不知道的金属呢，比如铋、钡、钛等。"

"这些都是金属吗？"

"对，都是金属。你们可能认为这些名字很特别，但这仅仅是因为你们第一次听说这种物质罢了。如果你们熟悉了铋、钛等物质，那么你们再听到这些名字就会和听到铜、铅时的感觉一样了。我在之前有提到过，金属一共有70种左右，但是能够应用在日常用途的金属不过几种，大部分都是不会在日常生活中见到的，所以我们在日常生活中没有听说过也是正常不过的。

“刚才我们用炭火点燃了锌，这就证明这些炭已经足以使锌燃烧。那么我要说的是，只需要蜡烛的火焰，就足以使镁燃烧了，并且只要它们被点燃，那么就不会停止，会一直燃烧下去，发出耀眼的光芒，直到镁条燃尽。”

爱弥儿问道：“这种怪金属从哪里买来的？我想去买一些拿来玩。”

“我是在药房买的。这种金属日常中用到的不多，大部分都是用来做科学研究、摄影和游艺性质的化学实验等，所以一般会卖的地方只有药品店以及科学用品店，就连铁匠、铜匠和银匠都不知道它的名字。”

说话间保罗叔已经点燃了蜡烛，然后将窗帘拉好，不让太阳光影响燃烧时发出的光。之后又在桌子上铺了一张纸，用来承接燃烧后掉落的生成物。做好这一切后，他用小刀切下了一小截镁条，用镊子夹着，将另一端靠近烛火。镁条很快就被点燃了，立马放出强烈的光芒，将房间里的所有东西都照得雪亮。这种光芒和太阳光非常相似，没有声音也没有火星，只有光。孩子们看到这种现象后都非常新奇地注视着。

燃烧仍在进行，火焰逐渐逼近钳子，几分钟过后，镁条已经燃烧殆尽，火焰也随之熄灭。这些燃烧后的生成物都掉落在纸上，看上去像是石灰的粉末。

由于强光，孩子们的眼睛都受到了刺激，他们一边揉着眼睛一边叫道：“啊，这火焰太亮了，真好看！”

保罗叔拉开了窗帘。

爱弥儿依旧在揉着眼睛，说道：“我怎么看不见东西了？我看了镁燃烧的火焰后，几乎把眼睛炫盲了。”

喻儿也说：“我的眼睛现在就像直视了太阳一样。”

保罗叔说道：“过一会儿，等眼睛的疲劳感消失掉就好了。”

爱弥儿过了一会儿后恢复了视觉，之后便把他想到的事情说了出来：“刚才我一直在盯着镁条的燃烧以及烛火，我感觉这些烛火没有之前的亮了，几乎已经看不出来了。”

保罗叔问道：“如果将烛光放在太阳下，那么还能看到火焰吗？”

“应该看不出来了，它会特别暗，就像放在镁条燃烧的火焰中一样。”

“要知道，我们的眼睛在受过强光刺激后便不能再看见弱光了，比如，我们在阳光下是无法判断一块炭火是否在燃烧的，黑暗中非常显眼的火焰，在强光下就显不出多耀眼了。我们几乎被炫盲的眼睛以及变暗淡的烛火都可以证明镁光的强度非常大，只有太阳光才能和它媲美。

“你们现在应该相信金属的燃烧并不是难事了吧？铁匠铺中锤打铁条时迸发的火星，铁匙中锌的火焰以及刚才镁条发出的强光都是有力的证据。不仅如此，再往后，如果某种金属价钱并不算太贵并且燃烧时能够发光，我们甚至可以将它们当作灯光使用，比如在摄影方面就已经利用镁来做发光材料了。

“现在我们来说说镁的燃烧生成物。纸上的这些是一种类似石灰粉末的白色物质，它不溶于水，也没有味道。除了镁本身，这种物质中还含有燃烧所必需的氧，所以这种物质同样是氧的存储点，如果有适当的办法，我们可以从这个存储点中再次得到氧。

“好了，现在做一次大总结。铁是能够燃烧的，铁匠锤打铁条时迸发的火星就是燃烧的铁颗粒。如果将这些燃烧过后的火星收集起来，就会发现它们是一种非常脆的黑色物质，仅仅用手指就能够将其捏碎，这种燃烧生成物就是铁的氧化物，也就是氧化铁。

“锌是能够燃烧的，燃烧的生成物有一部分会像鹅毛一样飘浮在空中，另一部分则变为白色物质。这种燃烧后的物质就是锌的氧化物，叫作氧化锌。

“镁同样是能够燃烧的，生成物同样是一种很像石灰粉的光滑白色物质。这种物质就是镁的氧化物，叫作氧化镁。

“一般来说，金属都是能够点燃的，仅仅有少数几种例外。这些金属燃烧时会和空气中的氧化合，生成一些名为‘金属氧化物’的没有金属光泽的化合物。金属氧化物是燃烧后的金属，就像酐是燃烧过后的非金属一样。这两种有一个共同点，就是都含有氧。”

# 第12章

# 盐 类

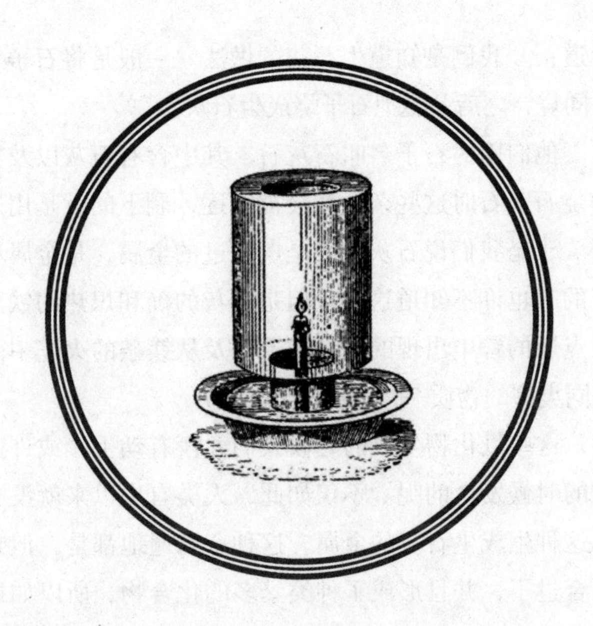

保罗叔将昨天燃烧镁条时得到的白色物质用纸包好收起来了，然后在今天，他又将这些物质取了出来让孩子们观看，以便进行今天的新功课。

保罗叔说："如果只看外观的话，这种白色物质像是石灰粉或是面粉，但是它的性质却像生石灰。我们都知道，生石灰本来是一种没有规则形状的石头，如果将它们放在水中，就会吸收水分，然后膨胀，变成白色的粉末，这些粉末就和在我们手中这些氧化镁一样。我们说生石灰和氧化镁相似是有原因的，因为生石灰同样是一种金属的燃烧生成物。"

爱弥儿不可置信地说道："它也是金属的燃烧生成物？我可从未听说过生石灰是金属燃烧后形成的。"

保罗叔回答道："生石灰的形成方法确实不是用金属燃烧形成的，如果用金属来制作生石灰，那么价格就会非常昂贵，泥水匠就不敢用它做三合土了。"

喻儿说道："我倒是知道生石灰的做法。一般是将石子和焦炭放在石灰窑中一同烧，之后就会把石子烧成生石灰。"

"没错。他们用的石子名叫石灰石，其中含有石灰以及其他的一些物质，在灼烧石灰石时这些杂质就会被驱逐，剩下的就是用途广泛的纯的生石灰了。于是我们说石灰的确是燃烧过的金属，是金属和氧的化合物。烧石灰的人也许不知道这些，但是石灰的确和炽热的铁上掉落的碎片、从正在点燃的锌中出现的白色绒毛以及从镁条的火焰中落下来的白色粉末等是同类型的物质——金属的氧化物。

"当然，这些氧化物生成的时候人们并没有动手，或许这燃烧还是地球刚形成的时候发生的呢。不仅如此，人类有史以来就没有在自然界中单独发现这种生成生石灰的金属。这种金属遍地都是，但是都已经和其他物质化合过了，并且形成了种类繁多的化合物，所以如果想要探测这种金属就已经不太容易了，如果想要从化合物中制取这些金属就更加困难。你们看，这是一些氧化镁，那边是一些生石灰，那么你们能不能找到它们之间的区别呢？"

孩子们看了一会儿，说道：“看不出区别来，这两种东西都是白色的，像面粉一样。”

保罗叔说道：“没错，我也和你们一样看不出区别来。我们三个虽然都知道它们是不同的物质，但是它们之间的区别是真的找不到。现在我们来说，这种粉末是镁的氧化物，那种粉末同样是某种金属的氧化物。”

喻儿问：“那么，其中含有什么金属呢？”

“这种金属名叫钙。”

“叔父能给我们看一些钙吗？”

“啊，这个我可真的做不到了，我们的实验条件太过匮乏，无法弄到这么昂贵的东西。其中原因并不是由于这种金属的稀少，因为我们生活的自然界中到处都是钙，蜿蜒千里的山中都有这种物质。不过，如果想要从化合物中提取钙可是非常困难的，花费也非常巨大，所以它的价格才如此昂贵，让你们的叔父无力去购买。不过，我却可以把它的形状告诉你们。

“你们现在想想这样一种东西，它有银色金属光泽，白色，像蜡一样软，能够捏成任何的形状。这种东西就是钙。”

“啊，那么如果我们有钙，可以把它们捏成银色的小塑像。”

“这个小塑像绝对比银质塑像还要贵，并且你们也无法用手来捏，它的性质非常猛烈，比你们见过的任何物质都容易着火。想象一下，如果你们在捏塑像的时候小塑像突然着火了，会怎么样？”

“哦，这听起来就不那么好玩了。”

“嗯，你们要记住，钙在碰到水的时候就会燃烧起来，燃烧的煤、硫、磷等都能被水熄灭，但是钙却不行，洒上水的话，它的燃烧反而会更剧烈。不要认为我讲得非常荒诞，这的确是事实，过一阵子我就会跟你们提起此事了，我到时候会给你们看看，水在某些情况下也是无法灭火的。唔，不过我不知道我有没有那么多经济力量来支持这次讲解和试验。”

“这为什么会关系到你的经济力量？”

“因为这个实验需要用到和钙性质相似的金属，这种金属同样会在水中燃烧。”

“除了钙和这种金属，还有能够在水中燃烧的金属吗？”

“当然有，这种金属一共有三四种。”

“你打算给我们看一种吗？”

“这可不一定，如果你们永远能这么高兴，那么我一定会尽力去做这些实验。”

“如果我们经常做比如镁的燃烧、变成雪花的锌等有趣的试验，我们一定会永远像这样高兴。”

“很好！那么，我们现在来谈一谈爱弥儿说的捏塑像的事。刚才我也提到了，钙在水中会燃烧，所以，用带有汗液的手去触摸钙是一件非常危险的事。所以，就算我们得到了钙，也只能将它放在瓶子中保存着，无法和泥土一样放在手中玩。

现在我们来谈一谈钙的氧化物，也就是生石灰。我们都知道，这种物质的味道和铁、锌、镁等物质的氧化物有非常大的区别，这种味道非常浓烈，放在舌头上就好像燃烧了起来一样。燃烧后的磷是酸的，但是燃烧后的钙却是涩的，不过石灰在舌头上引起的痛苦并非只由于这种涩味，还因为它有腐蚀皮肤的能力，所以我们如果用手去拿生石灰，时间长了皮肤就会变得粗糙。

“既然生石灰有味道，那么就应该能溶于水。事实上，它的确能溶于水，不过溶解程度非常小，只在水中呈现出涩味。如果我们将石灰和水混合弄成膏状，放在水中搅匀后这些水就会变成像牛奶一样的颜色。等到混合物静止，没有溶解的石灰就沉在了水底，水也会变回原来的透明样子。不过，虽然我们无法在这种透明的水中发现石灰，但是这水的味道却和将石灰放在舌头上是一样的，于是可以断定有一部分石灰已经溶解在了水中，就如同糖水中含有溶解后的糖一样。”

保罗叔说着便开始用实验来验证他说的话，让孩子们去尝一尝这种石灰水。爱弥儿用手指蘸了一点后放在舌尖，立马感觉到了带有涩味的火热感。这种感觉让他非常难受，眉毛都皱了起来，一副要呕吐出来的样子。他连吐了几口唾沫，之后才感觉好一些。

保罗叔说道："现在我拿来了一些从园子中摘到的紫罗兰。之前的实验中我曾经展示过将它放入非金属氧化物的水溶液比如磷酸中的样子，当时我说过它如果放到酸中就会变成红色。这一实验你们也自己动手做过很多次。那么，如果我们将这蓝色的花放到金属氧化物的水溶液中，它会变成什么颜色呢？现在这些石灰水就会把答案告诉我们。"

保罗叔将紫罗兰放入杯子，然后向杯中倒了一些石灰水，之后发现紫罗兰变成了绿色。

爱弥儿惊讶地说道："化学真像个燃料工厂啊，叔父之前用磷酸把蓝色变成了红色，现在又用石灰水把蓝色变成了绿色。如果我以后多学了一些化学知识，肯定要做出画图用的各种颜料。"

"这是可行的，化学能够告诉我们把无色物质和其他元素化合从而变成其他颜色的方法，并且还会告诉我们如何把有色物质改变颜色或让它失去颜色。化学工业中，其实有一个部门就是燃料制造，现在我们既然提到了这一点，那我们就来说说吧。曾经我们用酸将蓝色变成了红色，现在用石灰水可以把蓝色变成绿色，这两种变化都非常快，并且非常完全，没有什么地方是没有变色的，这件事告诉我们，使用化学药品能够为画家和染料使用者制作很多种颜料。

"我们现在将这朵被石灰水变成了绿色的紫罗兰放入酸溶液中。当然，不管用什么样的酸都行，之前得来的磷酸已经在实验中用光了，现在用的是硫的燃烧生成物形成的酸，名叫硫酸。这种酸的性质我在之后会讲，现在你们来看看这朵花，它已经被酸变成了红色，就像没放入石灰水中一样。不过，如果将这红花放到石灰水中，它还是会变成绿色紫罗兰。就这样，放入酸中变红，放入石灰水中变绿，一直不停。

"石灰是钙的氧化物，它拥有这样的性质，不过这不代表铁、镁等金属的氧化物同样具有这种性质。金属氧化物性质千差万别的原因和他们有没有味道的原因是相同的，石灰是可溶于水的，那么它的溶液就会让舌头感觉出涩味，也能使蓝色变成绿色。铁、锌、镁等的氧化物不溶于水，自然也就不会让舌头尝出味道，也不会使蓝色变成绿色。

"于是，判断金属氧化物有没有味道以及能否使蓝色变成绿色的根本就是它能不能溶于水，并且这是唯一的鉴别办法。现在将上边说的综合起来，就是：非金属和氧化合后生成非金属氧化物（也就是酸酐），能溶于水的非金属氧化物会有酸味，并且可以将蓝色花朵变为红色，是酸类。金属和氧化合后生成金属氧化物，能溶于水的金属氧化物会有涩味，并且可以将蓝色花朵变为绿色。

“可以告诉你们的是，酸和金属氧化物能够发生化学反应，生成的化合物自然和金属以及酸不同。你们应该记得吧，两种物质合成一种物质后，它们的性质不会和原来的物质相同。磷酸有酸味，石灰有灼烧一般的涩味，但是如果将磷酸和金属氧化物发生反应，它将不再有酸味，会变成一种无害物质，这种物质就是构成动物骨骼的主要成分。

“将骨头扔在火中，会发现骨头会燃烧，这是骨头上剩余的油脂或是其他可燃物质在燃烧。不过，等火灭了之后，就会发现骨头虽然保持着原形，但是变得灰白易碎。现在剩下的这些就是骨头的主要组成部分了，其中其他的杂质已经被火除去了，这些无法燃烧的白色物质就会被留下。

“化学告诉我们，骨头燃烧剩下的这些白色物质和磷酸以及石灰反应过后的生成物成分是相同的。如果将这些骨头磨成粉再尝一尝，就会发现它既没有了酸味，也没有了涩味，并且其溶液也无法再使蓝色花变为红色或是绿色了，就好像其中根本没有了磷酸和石灰的影子，所有的关于酸和金属氧化物的性质都没有了。这种物质是一种三元化合物，名叫磷酸钙，因为其中含有磷、氧和钙，所以又被叫作磷酸石灰。

“像这样一种算和一种金属氧化物化合形成的化合物非常多，在化学上，这类化合物被称为盐。骨骼燃烧后的产物便是一种盐，是钙的磷酸盐。”

孩子们不解地问道：“盐都有咸味啊，这些东西没有咸味，怎么会是盐呢？”

保罗叔说道：“我可没说它是食盐，我只说它是一种盐。一般来讲，我们说到‘盐’的时候基本就是做菜用的食盐，不过化学上，‘盐’却代表了一类物质，也就是由某种酸和某种金属氧化物生成的化合物。不管什么味道、什么形状，只要是这一类物质就都叫作‘盐’。

“盐类的形状、味道和颜色并不相同，大部分的盐和食盐一样，都是无色透明可溶于水的白色晶体，盐的名字也正是因此而产生的。当然，这种无色透明的盐并非全部，铜的氧化物和酸生成的盐是蓝色，铁的氧化物和酸生成的盐是绿色，还有黄色、红色、紫色等各种颜色的盐类。除此之外，和食盐口感相仿的盐类非常少，苦涩的也有，酸的也有，大部分味道都不怎么好。并且，盐类并非都能溶于水，所以有一些岩石没有味道的，比如这磷酸钙，以及房子的原材料沙子、石头，还有石膏等都是如此。”

爱弥儿说道：“我似乎懂了，从化学角度来讲，构成骨骼的、建造房屋的、做工艺品的盐虽然叫盐，但是和饭菜中的盐是完全不同的。”

“的确是不同的，化学上所说的盐到处都是，路边和山上的岩石、田地里的土壤等，其中都有盐。”

“那这么说的话，盐的数量就很多了。”

“的确不少，其中有几种盐产量很大，并且是组成岩石的主要部分。有一种盐名叫碳酸钙，它是砂石、石灰石、大理石等矿石的重要组成部分。”

“那么，化学上把烧石膏叫什么呢？”

“叫作硫酸钙。不过，我想你们应该不太理解这个名词的意义，不过我在之后会讲到的。现在我就先来讲一讲化学中的语法吧。”

“化学也有语法？”

“没错。不过爱弥儿并不用担心，这些语法并不像与文中那么难以理解，这种语法几乎是一学即会。现在我们先从酸说起，非金属被点燃之后的物质在水中溶解后便成了酸，比如磷的氧化物在水中溶解生成磷酸。根据这一点我们可以得出一条规则：某种非金属氧化物生成的酸的名称是在这种非金属氧化物的名字后边加上酸字。

“我们再举一个例子。我之前说过氮和氧非常难化合，但这并不代表这二者无法化合，用一些巧妙的办法即可让二者发生反应。那么，如果是这两种元素生成的酸，名字该是什么？”

爱弥儿说道：“应该是氮酸吧？”

“这个名字是对的，不过你们要知道这个名字一般没有人用，大部分人称它为‘硝酸’。因为以前制造这种酸的时候是使用一种名叫‘硝石’的化合物制作的，所以也就有了硝酸这个名字。现在我再提问，有一种非金属元素名叫氯，虽然你们不知道这种元素，但是这并不影响我们的谈话。你们来说说这种元素形成的酸吧。”

“一定是氯酸了。”

“完全正确，就是氯酸。”

“哈，这看起来很容易。碳生成的酸为碳酸，硫生成的酸为硫酸，对不对？”

“对，酸类的命名方式就是这样，我想你们应该已经明白了，现在我们可以说一下金属氧化物的命名了。首先，我们说过铁和氧的化合物叫作氧化铁，锌和氧的化合物名叫氧化锌，铜和氧的化合物名叫氧化铜，那么我们可以很明确地看出，某金属和氧的化合物名叫氧化某。不过这也有一些例外，比如我们称氧化钙为石灰，因为这些俗名在生活中用了太久已经习惯，所以化学上也就这样使用了。

“说完酸和氧化物，最后便是盐的命名了。我在之前提到过，一种酸和一种氧化物反应后便会而得到盐，于是盐类的命名规则也就是遵循着这个事实来的：某种酸和某种金属氧化物生成的盐就叫作某（非金属）酸某（金属）。举个例子，碳酸和氧化钙反应的生成物便叫作碳酸钙。”

爱弥儿说道：“我明白了。磷酸和氧化钙反应后生成的盐就叫作磷酸钙，硫酸和氧化钙反应生成的盐就叫作硫酸钙，对不对？”

“没错。不过如果某种盐类是用一种有俗名的金属氧化物生成的，那么这种盐名称中的金属部分往往会用这个俗名代替，比如硫酸、碳酸和俗名生石灰的氧化钙进行反应，得到的生成物一般不会叫硫酸钙和碳酸钙，而是叫硫酸石灰和碳酸石灰。好了，化学上的语法就讲到这里了。”

“说得完全吗？”

“虽然没有特别完全，但是最重要的部分一点不落。”

“这很容易就能学会。”

“是的，我之前就说过，这是非常容易学会的。”

# 第13章

# 工 具

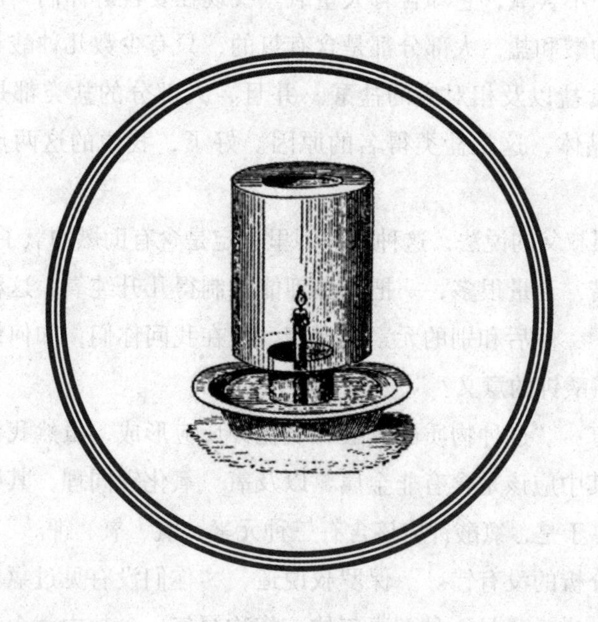

保罗叔在第二天再次进行谈话。

他说："我记得我们之前说过要做制取纯氧的实验来着，但是最近我们好像谈论了一些和这个话题不沾边的东西。难道我们已经忘了我说过的这句话了吗？不，并没有，我要告诉你们的是，现在我们已经到了能够解决这个问题的地步了，我们已经知道大部分盐是由有氧酸和金属氧化物发生反应而成的，所以我们能够从这些盐中来制取氧。不过我们必须选择合适的盐，因为大部分的盐类结构非常牢固，像磷酸和氧化锌那样不太容易被破坏。化学家告诉我们，一种名叫氯酸钾的盐类中氧的含量很高，并且容易分解。"

保罗叔将一瓶鳞片状的白色物质放在孩子们面前。

他说道："这些白色物质就是氯酸钾了，是我从药房中买来的。"

爱弥儿说道："这些东西很像是食盐。"

"的确很像，不过这两种东西的性质千差万别，食盐有咸味，它没有；食盐中不含氧，它却含有大量氧。我现在要告诉你们一件事，我们刚才所说的酸和盐，大部分都是含有氧的，只有少数几种酸和盐不含有氧，比如食盐以及相对应的盐酸。并且，大部分的盐类都是和食盐相仿的无色晶体，这是盐类得名的原因。好了，我说的这两点你们都要记住。"

"按照叔父的说法，这种氯酸钾里一定是含有助燃的氧了？"

"没错，含量很多，一把氯酸钾能够制得几升纯氧。这种物质中的氧被压缩了，然后和别的元素化合着。现在我问你们，如何使用化学的语法解释氯酸钾的意义？"

喻儿道："这种物质由氯酸和氧化钾反应形成，虽然我没有见过氯酸，不过其中应该是含有非金属氯以及氧。氧化钾同理，其中含有金属钾以及氧，于是，氯酸钾应该含有三种元素：氯、氧、钾。"

"你分析的没有错。"保罗叔说道，"你们没有见过氯和钾，所以我就来讲一讲。氯是一种有毒气体，俗称绿气，食盐中就含有这种氯。钾则是一种和钙性质相似的、非常软的金属，但比钙还要软，放入水中也更容易着火，燃烧过后的木柴灰烬中就含有钾。好了，这两种元素就讲这么多了，毕竟我们暂时用不着仔细去讲。不过我希望你们记住，就算是很简单的东西，只要用化学方法来检查一遍，就能发现很多好玩的东西。

“现在我们继续说氯酸钾。这种盐类非常容易分解，稍微加热便能够使其分解放出氧气。之前我们提到的红头火柴上的助燃剂便是这种氯酸钾。”

说着，保罗叔将氯酸钾粉末放在了炭火上。氯酸钾瞬间便熔化掉了，火也在瞬间燃得更旺了，就像是有人在用风箱通风一般。

爱弥儿非常惊讶，不禁问道：“奇怪，这些炭火本来并没有这么旺，为什么一撒上氯酸钾便剧烈燃烧起来了呢？就算一直用风箱来吹也不见得能达到这种效果吧？”

保罗叔说道：“风箱吹进来的是空气，空气中的助燃物氧仅仅占一小部分，但是氯酸钾受热分解出来的却是纯氧，所以炭火自然要比用风箱吹时旺很多。”说完，他又在炭火上洒了一些氯酸钾粉末。孩子们看着它熔化掉，然后放出氧气来帮助木炭燃烧。

喻儿似乎想到了什么事，说道：“我曾经在园子里潮湿的泥墙上看到过一种白色的粉状物质，然后我用鸡毛将它们刷到了纸上。有人说这种东西名叫硝，是制作火药的原料。我将这种粉末撒在木炭上，发现木炭也剧烈燃烧了起来，就和现在的状况一样。那么，这种硝撒在火上也能够出现氧么？”

“这种白色物质的确是硝没错，正是我们昨天所说的制造硝酸的硝石。这种物质的学名叫作硝酸钾，从名称上来看是硝酸和氧化钾反应生成的盐。既然如此，其中肯定也会含有大量的氧，一部分来自酸，一部分来自金属氧化物。将它放在火上，它同样会分解生成氧，于是会使木炭的燃烧变得剧烈。根据这个现象可知，硝酸钾和氯酸钾的性质很相似，放入火中都会分解放出氧，帮助木炭燃烧。不过你们要知道，硝酸钾并不适合用来制氧，因为硝酸钾和氯酸钾相比更不容易分解，想让它分解必须置于明火中而非单纯的加热。但是，如果这样的话，它们释放出的氧马上便会被可燃物夺取，我们依然无法得到需要的氧。但是氯酸钾就不同了，它只需加热即可分解，我们也可以很方便地收集氧了。”

喻儿说道：“我这里还有一个问题。”

“尽管问吧，我喜欢你们提出疑问，这代表你们的思维很缜密。”

“你在将氯酸钾放到火中的时候它就开始熔化，放出氧后剩下了一些不会燃烧的白色颗粒。那么，这些剩下的白色颗粒是什么呢？”

“这个问题问得好，因为它非常重要。这种不可燃的白色剩余物正是氯酸钾分解后的产物，你们现在想一想，氯酸钾中本来含有氯、氧、钾，那么现在氧被分离出去了，剩下的氯和钾便形成了不同于氯酸钾的化合物。这种化合物由氯和钾组成，名叫氯化钾。

“根据这一点，你们正好可以知道一种新的化学语法：非金属元素和金属元素化合后生成的物质名为某（非金属）化某（金属）。比如氯和钾的化合物名叫氯化钾，硫和铁的化合物名叫硫化铁等等。

“好，现在我们回归正题，用氯酸钾制氧是最简单最容易的，就算是实验者并不熟练也不会有什么问题。首先应寻找一个玻璃容器，然后将氯酸钾装在容器中进行加热。如果找不到合适的容器，也可以使用低矮的大药瓶来代替，不过这种药瓶的玻璃壁必须薄，不然在加热时很容易因为受热不均匀而炸裂。你们看这个杯子。这个杯子的杯底部分非常厚，但是其他部分却非常薄，如果在杯子因为装热水而发烫时倒入冷水或是在杯子因为装冷水而发冷时倒入热水，玻璃杯便会有碎裂的危险。不过，如果是一个厚度相同并且非常薄的玻璃杯就不会出现这种危险了，所以说我们的试验成功与否就在于选择容器是否谨慎。”

爱弥儿说道：“我总认为厚一些的瓶子更牢固、更可靠些。”

“照你的想法在某些情况下是对的，比如在遭受撞击以及熔化时。不过现在的问题却不是撞击，因为做实验的时候我们不会让瓶子和别的物体进行撞击；当然，我们实验中产生的温度也不足以让玻璃熔化掉，甚至还不足以让玻璃软化，所以这一点也不用担心。我们用到的瓶子需要经受温度的变化，所以用薄一些的更好。”

“如果装有氯酸钾的玻璃瓶在炭火上破裂，会出现什么后果呢？”

“什么严重的后果也没有，只是氯酸钾都会掉落在火上，然后使火焰更旺盛罢了。”

“然后呢？”

“然后自然是要换一个新瓶子来做这个实验了。如果没有合适的瓶子，就需要用到一种化学仪器——烧瓶了，这是一种无色透明且为球状的玻璃容器，瓶口处有一段是手指长的细瓶颈，普通药房中都能够买到它。现在我们手头就有一个我最近从城里买来的烧瓶。

“这很像是养金鱼的瓶子。我想，我们只需要花一两角钱便能把瓶子和金鱼全部买下来。

“如果金鱼瓶子真的有那么大的话当然可以用，只是要将烧瓶中的气体导入到集气瓶中的弯曲导气管却没有办法寻找替代品了。这种导气管同样是玻璃制成的，虽然在仪器店中有售，但是价格却不菲，所以我们不妨自己来制作导气管。仪器店中有三四尺长的直玻璃管，我们只需买一些和铅笔差不多粗细的无色薄玻璃管，然后将它们烧弯即可。要知道，无色的玻璃比有色的玻璃容易软化，现在我们已经买到了玻璃管，于是便可以进行导气管的制作了。

“首先要将玻璃管折取一段：用三角锉在要折断的地方锉出一条痕迹，之后将痕迹的地方放到桌沿轻压，便能将玻璃管整齐地折为两段；其次要使折下来的部分适合这个实验：将玻璃管需要弯曲的地方在火上加热软化，之后慢慢将它们弯曲成想要的样子。如果只是让玻璃熔化，那么炭火的温度就已经足够了，但是我们需要注意弯曲的角度，于是便不得不使用酒精灯。说到酒精灯，这是一种用金属或是玻璃制作的容器，里边盛有酒精，和中国的旧式煤油灯差不多，只是灯芯使用棉纱制作，并且比较粗一些。

“烧制导气管的时候要用两只手拿住玻璃管的两端，将需要弯曲的地方放在酒精灯火焰上方。在这个过程中要经常转动玻璃管，以便使其受热均匀。等到玻璃管可以弯曲的时候稍微用力将它弯曲，等它自然冷却。

“之后将按照这种方法制成的玻璃管用有孔的塞和烧瓶相连。要记住，这塞子和瓶口以及玻璃管之间的接触一定要非常紧密，以防气体从缝隙漏出。我们都知道气体是一种非常细碎的物质，就算是再小的缝隙也还是会让气体从中溜走。那么，这种非常紧密的塞子是如何制作的呢？

“先找一个木质细致的完整软木塞，之后用石块或锤子等重物将其锤打几下，让它变得柔软且呈现弹性，之后用烧红了的粗铁丝穿入木塞并开孔，慢慢用鼠尾锉将孔扩大。这种锉刀因为形状像是鼠尾而得名，使用这种锉刀可以将小孔慢慢扩大，直至刚好能够穿入玻璃管为止。之后再将木塞外边进行加工，锉到刚好能够插入烧瓶瓶颈为止，然后再用平锉将其锉光，使之与瓶颈紧密贴合。要注意，这个过程中再锋利的刀子也无法代替锉刀的地位，因为如果软木塞不完整的话是会漏气的。所以实验室中必须准备四种锉刀：用来弄断玻璃管的细三角锉，用来锉木塞中小孔的圆鼠尾锉，用来休整木塞大小的粗平锉以及用来将木塞外围锉光的细平锉。”

保罗叔一边说着一边开始了动作，示意着如何将玻璃管弄弯以及使用锉刀和制作木塞的方法，过了没多久，需要的东西就全都准备好了（图9）。

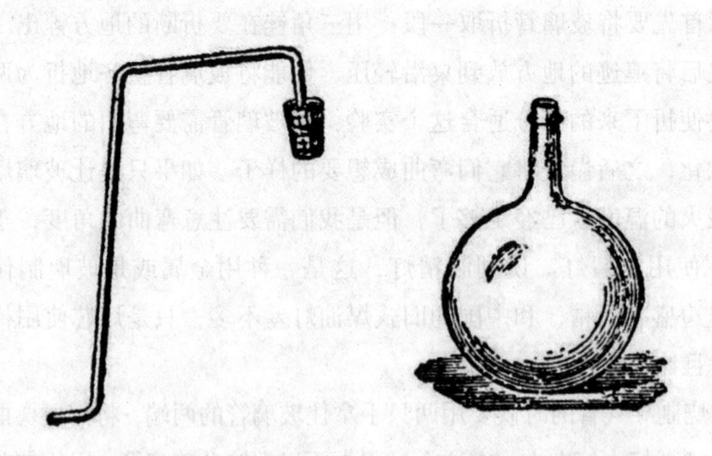

图 9　保罗叔自制的实验装置：弯曲的玻璃管，木塞和烧瓶

保罗叔说：“现在的用品已经齐全，可以开始实验了。不过在这之前我得告诉你们一句话，想要使氯酸钾分解并放出氧，在一开始只需要加热即可，但是随着时间的推移分解作用只会越来越慢，所以如果想让

氯酸钾完全分解，到最后就必须加以足以使烧瓶熔化的高温。但是，得到这些氧却会把烧瓶弄坏，这是十分不划算的。化学告诉我们如果在这些氯酸钾中加入一种黑色物质，就可以促进氯酸钾的分解，这种物质就是这次反应的催化剂。

“说到催化剂，它的作用就像是机器中的润滑油。机器加入润滑油后机轴会变得更灵活，轮轴旋转起来也会更容易，氯酸钾中加入催化剂可以使它开始分解的温度降低，这样的话炭火放出的热就已经足够，并且烧瓶也没有了损坏的危险。

“那么，这种能使氯酸钾变得易分解的黑色物质到底是什么呢？它一定是无法燃烧的或是已经燃烧过，已经与氧化合后的东西。在目前的这个实验中的催化剂是一种金属的氧化物，它存在于某种矿石中，是一种黑色的粉末状物质，其在化学上被称作二氧化锰，在药店即可买到，并且价格也不贵。其中含有的金属锰是一种类似铁的元素，在自然界中，单纯的锰很少见，它在和氧化合后能够生成很多不同种类的金属氧化物，这种二氧化锰便是其中最常见的一种。

“我现在已经将氯酸钾粉末和二氧化锰粉末撒在纸上混合了，之后就将它们放入橘子状的烧瓶中。接下来我们用这个已经装好了弯曲玻璃管的木塞堵住烧瓶口，并将这个烧瓶架在三角形的铁丝架上，放到炭火上加热。

“不过在开始实验之前，我们必须解决一个问题。由于我们需要将制得的氧收集起来，那么我们就需要将弯曲玻璃管的一端放入灌满水并且倒放在水盆中的广口瓶中，使广口瓶保持倾斜。在实验进行一段时间后，如果总用手去抓着广口瓶使它处于倾斜状态未免太累，那么我们就可以找一个东西将广口瓶支撑起来，但是如果这样做的话如何才能把烧瓶上的玻璃管插入进去呢？这当然非常简单，我们只需要一个底部有孔的小花盆，将它的边沿敲碎后使其高度和茶杯相仿，之后将它倒立在水盆中，在花盆底部的口上扣上广口瓶即可。这个花盆的边缘整不整齐气是无关紧要的，倒置在水中后可以使底部水平就行。这样一来，我们只需要在花盆边缘的缺口处通入玻璃管直到广口瓶，就能够收集从烧瓶中制得的氧了。

“今天的题目已经讲得足够透彻。其实我们这套装置说起来要比做起来还困难很多，不过明天的实验一定会让你们觉得今天的准备都是值得的。好了，现在你们可以去帮我再捉一只麻雀吗？我保证这次不会再弄死它了。”

# 第14章

# 氧

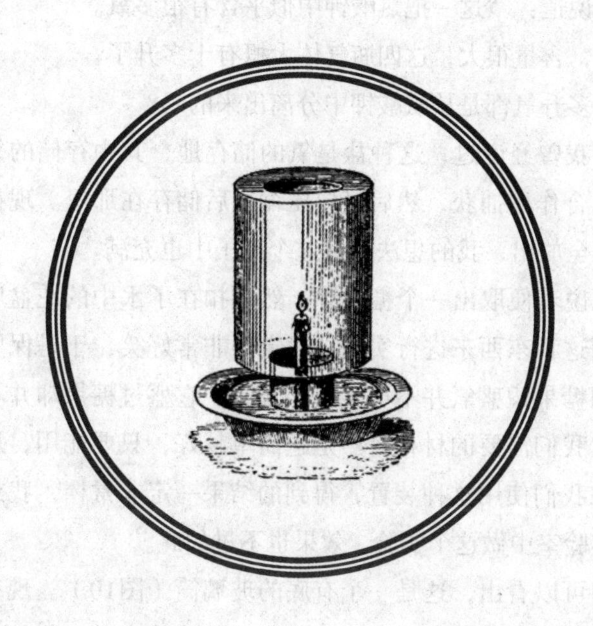

保罗叔在谈话中已经很多次提起氧了。但是孩子们除了知道它是一种助燃剂以及能够使我们生存下去之外，始终不知道氧到底是一种什么样的气体。不过现在他们倒是可以真正了解这种气体了，因为保罗叔正打算将氯酸钾分解，将其中的氧释放出来。爱弥儿甚至在梦中见到了这种助燃物氧，他看到烧瓶和玻璃管在火焰上跳舞，烧瓶中的氯酸钾和二氧化锰却不明所以地看着。不过，在他真切地看到这个实验时，也就是保罗叔将烧瓶放到炭火上时，他不禁觉得好笑起来。

过了没多久，烧瓶中的物质看上去并没有多大变化，但是插在水中的玻璃管末端却是出现了气泡。于是保罗叔便将花盆倒放在水中，然后按照原定计划在上边放好广口瓶。没过多久，广口瓶中便充满了气体，保罗叔取出一个玻璃杯，灌满水后将广口瓶瓶口放在了杯子里，并将广口瓶和杯子一同取出，放在一旁备用。之后他又按照同样的方法进行收集，一共收集了四瓶气体。

爱弥儿说道："这一把氯酸钾中似乎含有很多氧。"

"没错，含量很大，这四瓶气体大概有十多升了。"

"这十多升氧都是从氯酸钾中分离出来的吗？"

"对。我曾经说过，这种盐是氧的储存地，其中存储的氧非常多。这些氧被化合作用捕获，然后打包压缩之后储存在那里。现在烧瓶中的氧还没有完全放出，我的想法是将这个罐子中也充满。"

保罗叔说着便取出一个糖果罐，然后扣在了水中的花盆底上。孩子们见叔父用这种东西来进行实验，只觉得非常好笑，于是保罗叔便开始说道："用糖果罐盛氧并不可笑，孩子们，它盛过糖果却并不代表它不配盛氧气。我们需要的材料自然是越简单越好，只要能用，那么什么都可以。如果我们使用这种装置，得到的结果一定非常棒，我想即使在材料齐备的实验室中做这个实验，效果也不过如此。

"你们可以看出，这是一个有底的玻璃筒（图10）。现在我要在氯酸钾中的氧还没有完全散发的时候将这个玻璃筒充满。你们发现了吧，现在的气泡上升已经非常慢了，这就代表烧瓶中的氧正在慢慢减少。不过烧瓶中的混合物形状却没有发生任何改变，剩下的还是二氧化锰，和刚放进去的时候相比是没有变化的。它在这里只是起到了促进氯酸钾分解的作用，做出了催化剂和润滑油的责任。至于氯酸钾却已经发生非常大的变化，已经失去了其中含有的氧，变成了我们在炭火的灰烬中发现的白色物质，也就是说，它已经变成了和氯酸钾性质不同的物质氯化钾。好，现在我们的氧也收集得差不多了，可以做实验了。现在我们先把这玻璃筒中的氧气用掉。”

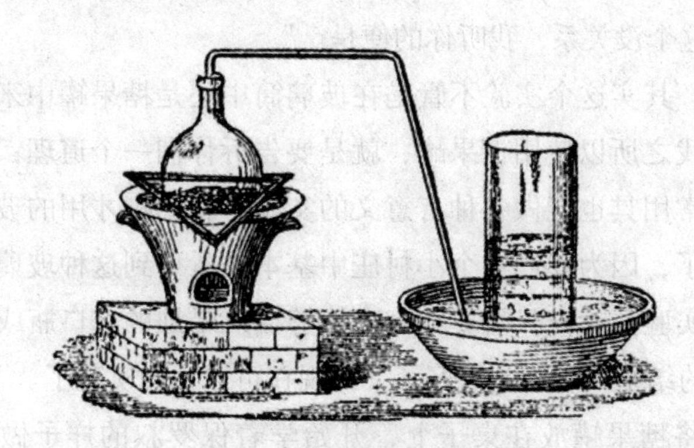

图 10　使用玻璃筒盛放氧气

保罗叔依然使用着以前曾经用过的方法，用手掌将玻璃筒的口堵住之后取出，并用玻璃片挡住筒口。之后他将一个蜡烛头穿在铁丝上，和做氮的实验时一样将蜡烛点燃，但是并没有直接伸入玻璃筒，而是将燃得好好的蜡烛吹灭，只留下了一个眼看就要熄灭的火星。

保罗叔说：“看，这个蜡烛头的火焰已经灭掉了，但是在烛芯上还是有红色的火星。现在我将它放入这个玻璃筒中，你们好好观察现象。”

说完，他便将盖在玻璃筒上的玻璃揭开，然后将蜡烛头放入了筒中。之后只听噗的一声，蜡烛头再次着了起来，再次放出明亮的光。之后他又将蜡烛取出，吹灭后放入，蜡烛再一次着了起来。这之后再次按照这样的方法试了几次，结果都是一样。

看着蜡烛自燃的现象，爱弥儿不禁高兴地拍起了手，说道：“看来氧的性质和氮完全不同，它能够使快要熄灭的东西再次燃烧起来，氮却会将燃烧的物质熄灭。保罗叔，我能不能亲自来实验一下？”

“这肯定是没问题的，不过，这个玻璃筒中的氧气应该快要耗尽了，蜡烛复燃的时候都需要用到一些氧。”

“那边的四个瓶子中不是也有氧吗？”

“那些是用来做更重要的实验的。”

“那我该怎么办呢？”

“看来你只能使用糖果罐中的氧了，当然，我希望你将这个糖果罐当作玻璃筒。”

“啊，这个没关系，我听你的便是。”

“很好，其实这个实验不管是在玻璃筒中还是糖果罐中来做效果都是一样的，我之所以使用糖果罐，就是要告诉你们一个道理：家里面能够看到的日常用具也能做各种有意义的实验。我们刚才用的玻璃筒已经算是奢侈品了，因为我们这个小村庄中基本是看不到这种玻璃筒的。你在复习这个实验的时候只需要找一个能够插入蜡烛的广口瓶或是罐子就行，对实验的结果没有影响。好了，你现在可以去做实验了。”

爱弥儿将糖果罐放在桌子上，开始学着保罗叔的样子做刚才的实验，让蜡烛灭了又着，着了又灭，重复了几次后发现效果比刚才在玻璃筒中更好。

保罗叔笑道：“你看，这效果不是更好吗？”

“没错，好极了。”

“所以，我们关注的点不应该是容器，而是容器中的东西。我们只要将蜡烛头放入氧中，它就会复燃，至于盛放氧的是玻璃筒还是糖果罐和这个结果是没有关系的。现在实验已经结束，就让这根蜡烛放在氧中燃烧一会儿吧，你们注意观察，它过一会儿就会烧光的。”

正如保罗叔所说，放在罐中的蜡烛燃烧非常剧烈，火焰和在空气中相比要亮很多，并且放出非常大量的热，将整根蜡烛上的蜡都烧成了蜡油滴落下来。在空气中能够燃烧一个小时的蜡烛，在氧气中仅仅燃烧了几分钟就没有了。等到蜡烛因为缺乏氧气熄灭，保罗叔才开始继续之前的谈话。

他说：“这个实验继续进行之前我需要告诉你们一件事。我们知道某种物质之所以叫作酸，是因为它的味道很酸，并且能够使蓝色花朵变成红色。那么我要说的是，其实从味道上分辨酸类物质是靠不住的，因为有一些酸味道很弱，弱到我们根本分辨不出来。用蓝花变红这一点着手来鉴别酸是一个很不错的方法，但是有一些酸还能够弱到无法让蓝花变红。于是，化学家便找了另外一种办法，他们发现在树皮或岩石上长有一种名叫石蕊的地衣类植物，这种植物中含有的蓝色物质对酸的感应很敏锐，所以药房便将这种蓝色物质的溶液浸泡在一张疏松的纸上做成一种名叫石蕊试纸的试验纸出售。

“这种试纸可以用来鉴别酸类，不仅方便，并且效果显著，只要遇到酸性溶液，试纸就会变成红色，比蓝色的花朵更容易出现反应。现在你们看，这个盒子中的纸片便是石蕊试纸，我现在用玻璃棒从这瓶硫酸中蘸一点滴在试纸上。看，试纸变成了红色，这就证明在这个瓶子中装着一种酸。”

喻儿说道：“既然石蕊试纸能够被酸变成红色，那么应该和蓝色的花朵一样，遇到金属氧化物的水溶液后会变成绿色，从而帮助我们鉴别某种物质是不是金属氧化物。”

“这个想法理由很充分，但是实际上却并非如此，石灰等金属氧化物的水溶液并无法使石蕊试纸变绿。不过石蕊试纸在被酸变红之后遇到金属氧化物的水溶液会变回原来的蓝色。所以药方中的石蕊试纸一共有两种，一种是普通的蓝色试纸，名叫蓝试纸，另一种是被酸变成了红色的试纸，名叫红试纸。在实际的应用中一般只需要用到某一种试纸，但是实验室中这两种试纸一般都会备一点以备不时之需。你们看，我现在将一些石灰水滴在变成了红色的试纸上，它现在已经变成蓝色了。如果我继续在试纸上滴酸，它还会变成红色，再滴金属氧化物水溶液，它又会变成蓝色，这一过程可以无限重复。那么之后我们就可以借助这种试纸来鉴别物质了：可以使试纸变红的就是酸，使试纸变蓝的就是金属氧化物水溶液。

“如果我们没有石蕊试纸，那么就只能用蓝色的花代替了。当然，我们在这种情况下需要将这些花朵捣碎，然后将这些捣碎后的物质放入水中搅匀，以此充当石蕊试纸的替代品。当然，这种水溶液遇到酸会呈红色，遇到金属氧化物的水溶液会呈绿色。要注意的是弱酸并无法使这种溶液改变颜色，所以真正在做实验的时候还是石蕊试纸好一些。

“好的，现在题外话已经说完，可以进行实验了。现在我们需要在装有氧的瓶子中点燃一些物质，观察它的燃烧。现在我们先来试试硫。”

保罗叔用之前在氮气瓶中燃烧磷和硫的方法用碎瓷片做了一个小杯，然后用一根一端弯成圆形的铁丝装好瓷片，并将铁丝插入了一个软木塞中。这个软木塞既可以塞住瓶口，又可以让瓷片的位置保持在合适的地方。“如果没有软木塞的话用圆形的厚纸片也能够代替。”保罗叔说道。他将铁丝的另一端留在了软木塞外边，便于升降瓷片，让瓷片位于合适的地方，让它周围有充足的氧。

做好这样的准备后，保罗叔将倒立在水杯中的大瓶子和水杯一同取出，放到了水盆中，在水底将水杯拿开，换成用手去堵住瓶口。按照这种方法，能够非常轻松地将瓶子拿出来并直立在桌上，并且还能保证瓶中气体不会和外界的空气混在一起。保罗叔又将一小片玻璃当作瓶盖盖在瓶口，在放在铁丝一端的瓷片上装上了一些小粒硫黄并点燃，之后将铁丝伸入了瓶中，调整瓷片位置，让它位于瓶子的正中。

一般来讲，硫黄在空气中的燃烧是非常缓慢的，并且发出的光也很弱。但是这一次，两个未来的化学家却对当前的燃烧情况表示非常不解。

在燃烧之前，保罗叔就让他们拉上了百叶窗以防止阳光进入屋子，使硫燃烧的光芒减弱。硫黄在燃烧的时候发出了强烈的臭味，并且发出非常美丽的蓝光，将整个屋子照射得如同处在水底。

爱弥儿兴奋地拍手笑道：“真好看！”

硫燃烧产生的烟气从缝隙进入到了屋子里的空气中，弥漫着一种让人窒息的诡异臭味，保罗叔在火焰熄灭后，马上便打开窗户通风。他说：“现在这瓶子里的氧气已经被硫黄耗尽了。我想我不用再细说硫黄在氧气中燃烧的情形了，你们看到的会比我的话更有作用，这些视觉信息告诉你们，硫在氧中燃烧的时候发出的热和光在空气中燃烧时发出的热和光不同。那么我现在问一个问题：现在的硫怎么样了？它和氧生成了什么物质？

“其实硫和氧化合生成了一种有臭味的无色气体，这种气体的味道很强，我们周围的空气中已经有一部分这个气体了，因为我们的嗅觉和咳呛反应都告诉我们它已经分散在了我们周围。不过，大部分的这种气体依然在瓶子中。那么现在我们首先应该将这种气体溶解在水中，之后用石蕊试纸来测试一下看看这种生成物是什么，毕竟石蕊试纸是不会因为干燥的物质发生颜色改变的。好，我们现在向瓶中加一些水然后震荡，让气体溶解在水中。现在我们将这些水溶液滴在石蕊试纸上。看，石蕊试纸变红了，这说明了什么？”

“这说明这种物质的水溶液是一种酸。”喻儿说道，“硫燃烧变成了一种酸酐。”

爱弥儿说道：“原来我们要判断一种物质是不是酸需要尝尝味道，现在只需要用眼睛观察石蕊试纸的变化就行了，方便得多。”

保罗叔对二人的话语都非常赞同，点了点头道：“的确很方便。你们想，如果我们看不到也感觉不到某种物质，那么要想知道它是什么东西就非常困难了，不过现在只要我们将它的水溶液滴在石蕊试纸上，它就会告诉我们这是一种酸。”

“它有没有告诉我们水溶液是酸味？”

“当然告诉了。能够让石蕊试纸变红的东西都有酸味。”

“你怎么知道它说了真话呢？”

“如果不信的话你们可以蘸一些尝尝。不要担心，这种水溶液浓度很小，滋味比较淡。”

在看到保罗叔示范之后孩子们才小心地蘸了一些水溶液品尝，发现它果然有一些酸味。

爱弥儿说：“的确有些酸味，不过味道没有磷酸那么强烈，比较淡。”

“虽然滋味很淡，但总归是一种酸，由此看来我们的味觉和石蕊试纸得出的结果一致，它也说这种水溶液是酸。现在我要告诉你们的是，这种水溶液名叫亚硫酸，那种让人咳呛的，由硫和氧生成的臭气名叫亚硫酸酐。”

喻儿问：“我记得叔父曾说过另外一种用硫制作的酸——硫酸，那么，难道硫能够形成两种酸？”

“没错，硫能够形成两种酸。含氧较少、酸性较弱的那种酸名叫亚硫酸，含氧较多、酸性较强的那种酸名叫硫酸。不管是在空气中还是在纯氧中，硫的燃烧仅能够夺去有限数量的氧，形成亚硫酸酐，溶解在水中也就是亚硫酸了。但是在化学中有一种间接的办法能够使硫夺取更多的氧，生成硫酸酐，那么这种硫酸酐的水溶液自然就是硫酸了。好，关于硫的话题已经说的差不多了，我们现在来看一下碳在氧中的燃烧情况吧。”

保罗叔在铁丝的另一端缠上了一块小指大小的木炭，将另一端穿过了那个被当作盖子的厚纸片。之后保罗叔点燃了木炭的某一角，将其放入了一个装有纯氧的瓶中。

这次发生的景象可以和硫在纯氧中燃烧的景象媲美了，在木炭的一角本来只是一个小小的火星，但是在进入纯氧后马上就燃起了明亮且炽热的火焰，这些火焰也飞快地包裹住了整块木炭，使它整个燃烧起来。燃烧发出的是炽热的白光，火花四溅，就像是这个瓶子中关着很多流星一般。这块木炭在放入瓶中到起火仅仅是眨眼间的事情，在空气中，就算是用风箱鼓风也不可能达到这种速度。

爱弥儿直勾勾地看着这块剧烈燃烧的木炭，说道：“我觉得我在空气中也能做到让木炭发出这样的光热以及火星。只需要将它放到风箱口就行了，它也会和这块在纯氧中的木炭一样剧烈燃烧的。”

保罗叔说道：“这是肯定的，虽然风箱吹出来的是混杂着氮的空气，但是由于不停通风，效果和这瓶子中是一样的。”

瓶子里的氧最终耗尽，木炭也停止了燃烧，变成了黑色。

保罗叔将之前关掉的百叶窗再次打开，让太阳光照进屋子。他说道：“我们必须解决的问题就是碳在燃烧过后变成了什么。这个瓶子中现在有一种看不见的无味气体，如果我们用眼睛去看或者用鼻子去闻是根本无法发现瓶子里物质的变化的，不过在我们检验瓶中气体后便会发现它和原来的氧是完全不同的。首先，木炭在开始时燃烧很剧烈，但是现在却无法燃烧了，当然燃烧的烛火放入这些气体中也是无法燃烧的。看好，我现在将燃烧的蜡烛放入瓶中，还没到瓶颈它就熄灭了，这就证明瓶子中已经没有了氧，因为有氧的话这蜡烛一定会继续燃烧下去。

“现在我向瓶中注水，让瓶中的气体在我的震荡下溶解在水中，之后将一张石蕊试纸放进去。看到了么，试纸变成了淡红色，证明这种水溶液是一种酸，这种气体是一种酸酐。这种气体的性质和氧不同，因为它是碳和氧化合成的产物，所以我们可以说这种无色透明的气体中含有少量碳。”

爱弥儿说：“这一点我同意，不过如果有人说这气体中含有黑色的碳，但是却不向我证明，那么我是不会相信的。对吧喻儿？”

“嗯，如果说看不见摸不着的气体中含有碳，这一点的确非常难以置信。如果叔父不是一步步告诉我们这些，而是在一开始就这样说，那么我一定会惊讶不已。不过现在证据确凿，也没有什么可以疑问的了。木炭在燃烧过后变成了气体，它的水溶液能够使石蕊试纸变红，也就是说这种气体是一种酸酐，这种水溶液应该是一种酸。那么，这种酸酐和酸叫什么名字呢？”

“你们可以试着按照自己学习过的化学语法来推测它们的名字。”

“啊，对，我忘记了。木炭含有碳，那么这种燃烧生成物便是碳酸酐，然后这种气体的水溶液就是碳酸了。”

爱弥儿问道：“这种碳酸的味道也是酸的吗？”

“当然，不过它的酸味非常淡，加上这瓶水溶液中含有的碳酸浓度非常低，导致它的酸味根本无法被察觉。你们看，这石蕊试纸也没有完全变成红色，而是变成了淡红色。如果以后有机会的话我一定会想办法让你们发现碳酸是有酸味的，不过现在我们需要用第三瓶纯氧来进行一些别的试验了。我会在这瓶氧中燃烧一些铁，但是我在将铁放入纯氧中前并不会把它像铁匠打铁时一样烧到通红，而是只用火柴来加热点燃，就像点爆竹的引线一样。”

爱弥儿疑惑地问：“铁能被火柴点燃？”

“这是当然，和点燃引线一样容易。现在我这里有一根从钟表匠哪里要来的废表上的旧发条，现在这个实验中这种形状的铁是最好用的，它的面积最大，能够充分和氧接触，当然，如果没有这种东西，用细铁丝也可以。现在将这发条的锈渍用砂纸打磨掉，然后在炭火上加热，直到它有一些软化为止，立即将它螺旋缠绕在一根铅笔上。

“做完这一步之后再将铁丝的一端固定在厚纸片上，另一端缠绕两根火柴棍，并将整个螺旋拉长，使带有火柴棍的一端处在瓶子中间。这几步是无法忽略的。”

在做完这些准备工作后，保罗叔将第三个装有氧气的瓶子直立在桌上。这个瓶子的底部留有两三寸水。

爱弥儿非常担心地说：“这瓶子里还有水呢！”

“没错，是有水。这些水并不是无用的，如果没有水，我们还需要将一些水倒进去。这里边必须有水，它的作用过一会儿你们就会知道了[1]。好，现在把百叶窗再次关好，我们准备进行实验。”

等到屋子黑下来之后保罗叔便点燃了火柴，将螺旋状的发条放进了瓶子中，之后就看到火柴剧烈燃烧了起来，没过多久就将发条引燃了。铁燃烧起来，发出强烈的光，像放焰火一样火星四射。铁的火焰逐渐向上蔓延，火焰经过的部分都熔化成了小球，凝结大了便滴落在水中，发出嗤嗤的声响。这种小球一颗接一颗地落下，甚至有一些温度较高的，体积较大的小球还会将玻璃瓶的瓶底烧软，嵌进里边。可想而知，如果没有水的冷却，这瓶子的底部一定会被烫得千疮百孔。

孩子们安静地注视着铁的燃烧，爱弥儿甚至有一些害怕，不仅是因为这些小球掉在水中发出的嗤嗤声，这些水甚至无法将小球完全熄灭以及发条燃烧时的四溅的火星不禁让他遮住了脸，像是眼看要发生爆炸似的。但是却并没有发生什么危险的事情，仅仅是瓶子上多了几道裂痕罢了。

保罗叔打破了寂静的气氛，说道：“爱弥儿，这下你该相信铁能燃烧了吧？”

爱弥儿说：“是的，我相信了。它不但能燃烧，还非常剧烈，就像点燃了烟火一样！”

“喻儿你呢？对这实验有什么看法？”

“我倒是觉得这个实验比美的燃烧要好玩的多，因为我们毕竟在那之前就没有见过镁，所以它燃烧起来在我们看来并没有常见的铁的燃烧

---

[1] 用沙砾来代替水也是可以的。

更加稀奇。按照我们以往的经验，铁是能够抵抗住火的，但是现在我们却看到它和刨花一样燃烧了起来，那么这一定是最令人感到奇怪的。并且，那些小球在滴到水中后仍然发出红光，并不会马上就熄灭，真是有趣。”

“这些滴下来的小球并非铁了，而是铁的氧化物。现在我从这瓶子里取几粒给你们看看。看，这种小球现在是黑色物质，用手指一捏就会碎掉，显然已经不再是铁了，因为铁是不会这么脆弱的，其中一定含有其他的元素，也就是氧。铁匠在打铁的时候从红热铁块上飞出来的、易碎的鳞片状黑色物质便是这种东西，这些都是铁燃烧之后的生成物，也就是氧化后的铁。你们同样要注意，现在瓶子的内壁有红色的类似尘土一样的东西，这在我们燃烧之前是没有出现的。你们说说，这些红色的尘土是什么？”

喻儿说：“从颜色上来看很像是铁锈。”

“没错，这就是铁锈。你们要知道，铁锈也是铁和氧的化合物。”

“也就是说在这瓶子里有两种铁的氧化物？”

“没错，不过这两种氧化物的含氧量不同。在瓶底的那种黑色的小球含氧较少，在瓶壁上聚集的红色粉末含氧较多。这个问题我们暂且不讨论，以后我会详细解释的。好，现在我们就来关注这些瓶底的裂纹以及嵌在玻璃中的黑色氧化物吧。”

爱弥儿说：“燃烧的时候这种氧化物应该是非常热的，就算掉到水里，还是能够把玻璃烧软。我在铁匠铺看到过铁匠将烧红的铁放到水里，但是那些铁直接就熄灭了，没有像刚才那样。”

“那么，这瓶子里必须要放一些水了？”

“对，不然的话这瓶子底肯定会被烧穿的。并且这还不是全部。如果不放水的话，这瓶子还会有破裂的危险，第一滴铁水落下后玻璃就会碎掉，然后实验也不能继续了。幸好当初我们留了一层水，现在瓶子上只是留下了几条裂痕，还可以使用。”

现在桌子上还有第四瓶氧没有使用过。旁边的笼子里，一只麻雀正在吃着面包屑，观察着保罗叔和两个孩子的实验。不过，这最后一个实验它要做参与者了。虽然保罗叔声明在这次试验中这只麻雀并不会死亡，但是孩子们在麻雀的死亡中得知了氮气无法支持呼吸，也知道了物质在一般情况下不能在氮气中燃烧。所以他们现在都很好奇，这一次这只麻雀会告诉他们什么讯息呢？答案是，这只麻雀将告诉孩子们如果生物在不含氮的纯氧中呼吸会有什么后果。

保罗叔取出麻雀，将它放到了最后一个盛氧的瓶子中。

刚开始的时候并没有什么奇怪的事情发生，但是没过多久麻雀就显出了比平常更加活泼的态势。它跳跃着，拍打着翅膀，顿着脚，不断啄着瓶壁，就像是因为热病缠身而发狂了一般。又过了一会儿，它的胸部开始猛烈波动，它也开始急速喘息，看起来是筋疲力尽了，不过即便如此，它的动作依然没有减缓，反而更加剧烈。

为了防止麻雀出现生命危险，保罗叔急忙将它取了出来放回笼子中，之后过了几分钟后，这种类似狂热病的情形就消失了。

保罗叔说："这个实验结束了。从这个实验中可以看出，氧是可以呼吸的气体，动物在氧中是可以生存的，这也证明了氧和氮有本质区别。不过，在纯氧中生存的生命活力非常强烈，有些时候甚至会超出平常情况很多，就像刚才麻雀的亢奋行为。"

喻儿说道："我从没见过这么亢奋的麻雀，它就像入了魔。不过叔父为什么要这么着急地将它取出呢？"

"时间太长的话，麻雀会被杀死。"

"什么？氧难道也是能够毁灭生命的气体吗？"

"不，氧是可以维持生命的生存的。"

"那为什么呢？"

"想一想蜡烛在纯氧中燃烧的情况。它的燃烧非常剧烈，没过多久蜡烛就快烧没了，虽然它的光非常强烈，但是却非常短暂。生命也是一样，虽然在纯氧中精力旺盛，但是很快就会使精力消耗殆尽。打个比方就是，动物的机器开得太快，超了负荷，导致很快就会被破坏而停止。刚才的麻雀活力四射非常亢奋，但是它却非常疲惫，过不了多久，这台小机器就会被摧毁掉，所以我才急忙把它拿出来了。好，现在你们把这只麻雀好好看管着吧，明天还有一些用处。"

# 第15章

# 空气和燃烧

爱弥儿小心地看护着那只疲惫的麻雀，第二天的时候它就复原了，活泼程度以及食欲都和以前没什么两样。因为在前一天的实验中用完了收集的纯氧，所以这一天保罗叔便让孩子们自己去准备氧和氮。孩子们非常高兴，按照保罗叔的办法，果然成功的弄到了氧和氮这两种气体。虽然保罗叔就在一旁指导，但是两个孩子动作同样非常敏捷，功劳也不小。

收集完毕之后，保罗叔开始了新的功课。

他说："氧是唯一可以支持呼吸的气体，也是唯一能够使动物生存下去，使物体燃烧起来的气体。从昨天的实验可以看出，这种气体的能力非常强，非常活泼，所以我们必须加入一种不活泼的气体来削弱氧的活性。这一点其实不难理解，就像是烈酒，烈酒对人体有害，但是可以加入水将它冲淡，同理，氧的性质过强，所以需要加入一些其他气体来使它适合呼吸和燃烧，这种气体就是氮。我们周围的空气就是氧和氮的混合物，在这里的氮就相当于烈酒中添加的水。

"经过燃烧磷的实验我们得知了空气的组成，也就是五分之一的氧和五分之四的氮，那么现在我们将这个实验反过来，也就是使这种氧和氮来组成空气。现在这一瓶是纯氧，另一瓶是纯氮，如果我们将它们按照一比四的比例混合就会得到适合动物呼吸以及会使物质安静燃烧的空气，但是我们要如何才能将这两种情况按照一定比例混合起来呢？

"我想，我可以在这个钟罩内充满水，然后将整瓶氧替换掉这些水。这种衡量标准的瓶子大小是随意的，不过还是要小一些，让钟罩能够盛下所有的混合气体。现在钟罩内已经有了一瓶氧，我现在用同样的瓶子装了四瓶氮放入钟罩，那么现在钟罩内就有了一瓶氧和四瓶氮，正是磷燃烧试验中我们得出的空气组成，所以，现在我们需要用以下两个实验来证明，这瓶物质和我们呼吸的空气是同一种东西。

"现在我已经在小玻璃筒中装满了这种气体并将烛火放入其中。现在能够看到，烛火的光并没有多大变化，和在空气中是一样的。那么我们可以得出结论，就是这些氧在经过氮的稀释之后性质已经减弱了。

"好，现在我们再次用这只麻雀做实验，先将钟罩中的气体转移到广口大瓶中，然后将麻雀放进来。现在这只麻雀并没有发生任何异常情况。它虽然在被关进去之后试图逃走，但是却没有出现呼吸困难和濒临死亡的情形。它并没有出现急速喘息的情况，在这里和在竹笼中的情况是一样的，这就代表钟罩内和外边的气体成分相同。为了证明这一点，我们可以让这只麻雀在这里边呆久一些，因为它在这种人造的空气中是不会有生命危险的。”

孩子们非常高兴，就这样看着这只麻雀，对它能够在他们自制的空气中生存这件事表现出了差异和新奇。

保罗叔笑道：“现在我们要知道的东西都已经知道，就把它放了吧。”

喻儿听到了保罗叔的话，于是便拿起瓶子，在窗口打开瓶盖将麻雀放走了。麻雀飞了几下，跑到了邻居家的屋檐上，也许它是要去告诉同伴自己在化学实验室中的奇特故事呢。

爱弥儿想：“它会怎么跟同伴讲述自己的经历呢？会跟同伴说这个玻璃罩子以及在纯氧中的痛苦吗？”他对保罗叔说道：“瓶中的空气是和我们呼吸的空气一样吗？”

“当然，它也是有氧和氮按照比例合成的，能保持蜡烛的火焰，能够让生物生存。如过使用氧和氮，我们也可以制造和我们呼吸的空气一样的气体。”

“麻雀既然能够呼吸这些空气，我们应该也能吧？”

“当然，这些气体和我们周围的空气是一样的。”

“我问这个问题是因为我很好奇，我们居然能够住在用药品、瓶子以及玻璃管制作出来的空气中，并且更加奇怪的是，这空气中的氧，还是从含有氧的盐类中提取出来的。叔父曾说盐类中很多都是含有氧的，只要不难分解，就能够用它制取氧。在这些盐类里边，我最感兴趣的还是那种能够制造房屋的盐。”

“是石灰石，也就是碳酸钙吧？”

“没错，这种盐中也有氧吧？”

“是的。不过这有什么吗？”

“既然它含有氧，那么能否取出来呢？”

“自然是能的，不过工序非常麻烦，比较不太容易办。”

“这不是问题，只要能取出来就行。我们是不是可以这样想，化学告诉我们，石灰石能够产生和空气相同的作用，也就是供我们呼吸。这听起来似乎很有趣呢。”

“啊，你想得有些远了，不过石灰石的确可以制氧。”

喻儿听了保罗叔和爱弥儿的对话后惊讶地问道：“我们真的能用石灰石来制出呼吸用的空气吗？”

“当然能了，麻雀的呼吸器官比我们的要脆弱得多，它都能够生存在用氯酸钾制出的氧合成的空气中。氯酸钾既然也是一种矿物，那我们为什么不能生活在用石灰石制出的氧合成的空气中生存呢？你们要知道一点：元素这种东西有的时候是不固定的，今天组成这种物质，明天可能又去组成其他物质了，但总量是不变的。好，现在我们趁着这个话题，就来说一说元素的这种奇怪变化。

“石灰窑在烧石灰石的时候会放出一种透明的碳酸酐气体，而蔬菜果木等植物的绿叶便会吸收这种碳酸酐气体，然后将其转化为自身需要的养分。虽然说这种碳酸酐的来源非常多，但不管怎么说石灰窑也是其中一种。植物吸收了碳酸酐气体后将它们分解为碳和氧，将碳留在体内，然后把氧释放出去，这些氧进入空气，变成空气的一部分。按照这种想法，我们是不是可以认为我们时不时会呼吸到从石灰石中释放出来的氧呢？

“其实在某些情况下，这种从建筑材料中放出来的气体的确能够维持我们的生命。元素在化合物甲不断进入化合物乙，但是在物质分解时这些元素就又会离开化合物乙去到新的化合物中，所以这些元素在脱离一种化合物后就会出现在新的化合物中。不管是从空气中还是氯酸钾中，又或是从烧石膏、铁锈、大理石、石灰石中得到的氧性质都是相通的，自然界中氧的总量并不会因为它的位置转变而发生改变。所以，这些氧不管是和铁化合让铁生锈，还是跟随柴火一同化为灰烬，或是直接被变成石头安静躺在路边，又或是进入血液流淌在全身的血管中，都是有可能的。谁都无法得知面包中的碳究竟从何而来，也没有人知道这些碳将要变成什么，于是我们可以说，去追究气泡和一块石灰的过去和将来是一项不可能完成的任务。

“好，我们现在回到正题，说一说人造空气的事情。刚才我将氧和氮混合的过程你们也看到了，在这过程中并没有发光发热现象产生，并且也没有发生什么其他的变动，一切普通化学反应的状况在这个过程中都没有发生，那么我们可以断定氧和氮在空气中并不是以化合的形式存在的，而是非常简单的混合。不过你们要知道，当氧和氮这两种物质以某种方式化合起来之后，溶于水就会变成性质非常猛烈的硝酸，大部分金属放在硝酸中都会被溶解。如果硝酸不慎滴落在皮肤上，那么我们的皮肤就会变黄，最后一片一片地脱落。根据这些情报我们可以得知，如果仅仅是把这两种气体混合做成空气，那么就能维持我们的呼吸和生命；但是如果将这两种气体化合起来做成硝酸，就能够摧毁我们的皮肤和生命。当然，我需要告诉你们的是，虽然某些物质使用两种元素制作而成，但是性质却可以大相径庭。你们之前应该也看过这种情况，比如硫黄和铁屑的混合物和化合物等。

“现在来做个总结，空气是一份氧和四份氮混合而成的，氧气能够辅助燃烧，能够辅助呼吸，氮气能够削弱氧的这种能力。我们虽然应该去研究一下呼吸作用中的化学变化，但是现在时机还不是很成熟，在我们得到相关的一些知识后再进行探讨，现在我们就仅仅关注燃烧。物质燃烧时会和氧化合，燃烧时也就必定有可燃物和氧，现在我们就对此进行进一步的讨论。

“首先，如果我们要让火焰更旺盛，那么我们就需要用风箱将空气供给木炭、煤或是柴火，风箱在抽送的过程中，火就会越来越旺。

“煤在刚开始点燃的时候是暗红色的，但是燃烧一段时间之后就会变成鲜红色，最后变成白色，这就是给它提供了大量氧的原因，不过，如果我们想要使燃烧物不那么快烧完该怎么办？答案是要用一些灰将燃烧物盖住，使燃烧物和空气的接触面不那么大，于是这种燃烧物的消耗就会变小，燃烧就能够保持很长时间。

“所以说，如果想使火焰旺盛并且放出很多热量，就需要提供给适量空气；如果想要使燃烧变缓，让它能够长时间燃烧，就需要让火焰与空气接触变得困难。燃烧炭结的脚炉中，那些燃料都被灰烬遮盖了，所以它的燃烧非常缓慢，但是铁匠铺的鼓风炉中燃料得到了良好的氧供应，于是不断放出高热，燃料耗费非常大。风箱中出来的气流不仅会使火焰变的猛烈，还会造成一种小型旋风。我想你们都应该记得客厅中的火炉，假如清除了灰烬，再装入新的燃料后便会发出哄哄声，炽燃起来。”

爱弥儿问道：“为什么会发出哄哄声呢？”

“其中的道理正是我想给你们讲的。如果灰膛的门打开，火炉火焰就旺盛，反之火焰渐渐熄灭，那么这其中的道理是什么呢？在灰膛的门打开时有一些东西从灰膛进入到了火炉中，并且发出了一些声音。那么这东西到底是什么我们是不难想象的。如果你们将灰膛打开，然后伸过手去，就会感觉到一股气流，那么可以证明这些进入灰膛的东西就是空气，空气从炉底进入并发出噪音的现象称为通风。如果炉子中出现了哄哄的声音，那么就证明有很多空气通过正在燃烧的燃料，炉子的通风情况良好，这种情况下火焰会很旺盛，放出的热量也很充足。如果火炉中的火焰逐渐熄灭，或者火焰一直很微弱，那么就证明火炉的通风情况不好，进入炉中的空气很少。所以，通风质量的好坏决定着进入炉膛的空气量，而空气量又决定了火炉是否旺盛。

“现在我们再来看通风的原因。如果一个非常热的火炉上有一张正在燃烧的纸片，那么我们就可以看到它的灰烬向上扬起，甚至能够到天花板附近。虽说这些灰烬非常轻，但是和空气相比还是重了，没有外力的话自己是无法飞起来的，那么这就证明它们被气流推动了。冷空气不断下沉，挤压热空气上升，于是便形成了上升气流，于是便形成了通风现象。虽然空气无色无味，但是我们依靠灰烬的飞行轨迹便可以看到空气的流动情况了，这就像是根据水面漂流的水草而发现水在流动是一个道理。

“现在我这里还有一个实验，需要等到火炉生火之后去做。如果用手掌大小的圆纸片剪成螺旋形，之后在圆纸片的中部穿一根线吊在炽热的火炉上，就可以发现下垂呈螺旋钻状的纸带旋转了起来。其中的道理同样可以这么解释，纸带表面和上升气流之间有夹角，当气流上升的时候纸带就会被推动从而旋转起来。纸鸢上升和风轮转动的道理也是如此。

“于是可以得出结论，上升气流会使螺旋纸带旋转，飞散的灰也是因为这个。现在你们应该理解为什么火炉要有良好的通风了吧，如果烟囱和房间中以及外边的空气都是同一个温度，那么就不会出现通风的现象了，只有在火炉发热之后，温度出现了差别才会出现气流，温差越大，烟囱越高，通风就越容易，也正是因为这些空气循环，使得空气不断从点燃的火炉底部一直向烟囱顶通过，就这样不停地将空气带给燃料，之后带着碳和氧化合后生成的物质以及烟炱等从烟囱逸出。烟囱之所以会冒烟，炉火之所以会发出哄哄声，就是这个原因了。通风就像是安装了一个自动风箱一般，可以将氧气源源不断地供给燃料让它继续燃烧，所以现在我们做最后一次总结：如果想要火焰旺盛，那么就需要不断为火炉提供新鲜空气，并且让燃烧过后的空气从烟囱排出，以便使新鲜空气容易进入。”

# 第16章

# 锈

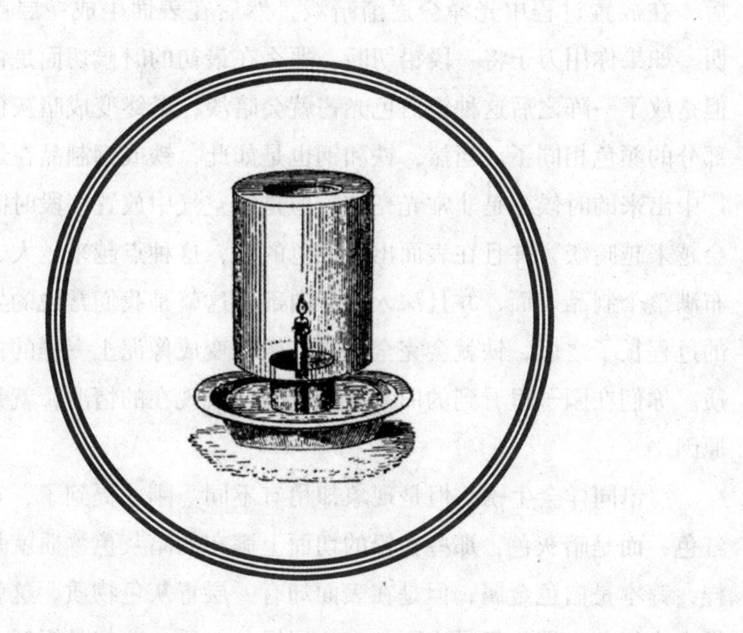

如果这是在几周前，孩子们绝对不会对他们在院子里找到的锈迹斑斑的旧刀感兴趣，这种东西并不值得去捡，甚至不值得去看。不过自从孩子们在接受了来自保罗叔“金属的燃烧”等知识之后他们便对这些物品有了别的看法，于是也就认为这锈迹斑斑的刀是一个比较值得考究一番的物件了。知识是思想的最好养分，没有知识的人觉得不重要的东西在有知识的人看来却非常有用，可以拿来考察一番，并往往能发现一些道理。

喻儿捡起了这把旧刀，发现上边的这些铁锈很像是燃铁过后附着在瓶壁上的红色粉末，于是他把弟弟爱弥儿也叫来了。

他们说：“这把旧刀不会是燃烧过的，但是它上边的铁锈却和之前那根发条燃烧后产生的红色物质相同，这是为什么呢？我们去问问叔父吧。”

保罗叔听两个孩子说完问题之后便道：“大部分的金属擦净表面之后，在放置过程中光泽会逐渐暗淡，然后在表面生成一层皮一样的东西。如果你用刀子将一段铅切断，那么在最初的时候切面是银白色的，但是放了一阵之后这种银白色光芒就会暗淡，最终变成暗灰色，和其他部分的颜色相同了。当然，铁和钢也是如此，铁或钢制品在最初从制造厂中出来的时候都是非常光亮的，但是在空气中放置一段时间后颜色就会越来越暗淡，并且在表面出现红色的点，这种点越来越大，最后就会布满整个制品表面，并且深入制品内部，这就是我们常说的生锈。生锈的过程长了之后，铁就会完全变成铁锈，变成像泥土一样的松脆红色物质。你们在园子里看到的旧刀之所以会变成现在的情况，就是因为这个原因。

“铅同样会生锈，但是现象却稍有不同。刚才提到了，它的锈并非红色，而是暗灰色，那些在铅的切面上满布的暗灰色物质就是铅锈。同样，锌本是白色金属，但是在表面却有一层青灰色物质，这就是锌锈；铜本为红色金属，但是表面却有一层绿色物质，这就是铜锈。可见，普通的金属都是会生锈的，这是一个事实。

“不过，它们为什么会生锈呢？关于这个问题我们并不需要去很远的地方寻找答案。还记得我们的燃铁试验吗？当时的瓶壁上就有铁锈一样的红色粉末，不，它们原本就是铁锈。再之前，燃锌实验的时候锌生成了白色物质，这种物质可以说是锌的另一种锈；如果我们将铅点燃，它烧过之后就会变成松脆的黄色物质，这也可以说是铅的另一种锈；如果我们将铜点燃，它就会由红变黑，并发出绿光，生成黑色物质，这种黑色物质也可以说是铜的另一种锈。结合这些例子我们得知，不同种类的锈就是燃烧过的金属，是由金属和氧化合而成的氧化物。

“在燃烧中生成的氧化物和金属表面缓慢生长的锈是相似的物质。如果找来两块铁，将其中一块埋在潮湿泥土中，另一块放入纯氧中点燃，那么第一块铁表面就会出现红色物质，同样，第二块铁所处的瓶子瓶壁上也会出现相同的红色物质，这两种情况下发生的化学反应是一样的。另外，如果找来两片锌，一片放置在空气中，另一片放入纯氧点燃，那么第一片上边会附着青灰色物质，第二片会生成白色物质，这些作用本质上也是相同的，都是和氧的化合反应，只是生成物不同罢了。大部分的锈都是氧化物，也就是燃烧过的金属，只是生成的时候感觉不到热罢了。

“我们再举几个例子，如果有一块木头在空气中逐渐腐烂，那么它在一开始就会变成暗黑色，最后化作棕色木屑。这种腐烂在本质上就是一种缓慢燃烧的过程。腐烂的木头也会和空气中的氧化合，放出大量热，就像是柴火被点燃一样。一般来讲垃圾堆内都很暖和，潮湿的草堆甚至会发烫，这些都是植物成分被氧化而放出的热，腐烂的木头也是如此，迟缓地燃烧着，缓慢地释放着热量。

“但是，我们为何不能感受到腐烂的木头放出来的热呢？其实这很容易解释：如果现在有两块同样的木头，一块木头自然放置，花了十年时间才完全腐烂，但是另一块却在一小时内就燃烧殆尽。那么在前边这种情况下木头腐烂产生的热量会在十年内才会全部放出，所以很难感觉到；后一种情况下木头燃烧产生的热量会在一个小时内放出，所以很容易感觉到。所以说虽然这两种化学反应非常类似，但是反应速度却有本质不同。一块烂木头，一堆发热的垃圾或是一根点燃的树枝，这些都在燃烧，都是空气中的氧和可燃物的化合作用，只是前两个是反应时间漫长的迟缓燃烧，后一个是反应时间迅速的快速燃烧。快速燃烧就是我们所说的普通的燃烧，而迟缓燃烧就是生锈或者腐烂，这种燃烧不会发光，发热也无法察觉。

"这种迟缓燃烧放到金属这里就叫作生锈，放到动植物等处就叫作腐烂，它们都是迟缓燃烧的结果。金属放置在空气中，尤其是水蒸气含量大的空气中后，就会和氧化合产生氧化物，这也足以说明旧刀为什么会有一层红色的外皮、铅的切口为什么会有暗淡的翳、银色的锌为什么会有一层灰色的表面等。其实那些红色物质是氧化铁，翳是氧化铅，灰色表面是氧化锌[1]，也就是说，金属和潮湿空气接触必定会引起迟缓燃烧，也就是生锈。

"大部分金属都会起这种作用，被空气中的氧侵蚀，变成锈。这种锈的颜色是不同的，铁锈是黄色或者红色，铜锈是绿色，锌锈和铅锈是灰色，除此之外它们的形成难易度也有不同，铁在普通金属中是最容易生锈的一种了，其次就是锌和铅，再次是铜和锡，银则是最难生锈的金属。但是相比之下，金则是根本无法生锈的，它的性质非常不活泼，能够永远保持光泽，所以人们才将它当作宝贝。古代的金货币以及饰品等就算是埋在非常潮湿的泥土中，到现在也不会损坏，就和新的一样。但是如果换了别的金属，估计早就消失无踪了。"

[1] 铁锈其实是非常复杂的含水氧化物，主要成分是三氢氧化铁。除此之外，铅锈的成分是二氢氧化铅，锌锈的成分是碱式碳酸锌。

# 第17章

# 铁匠铺

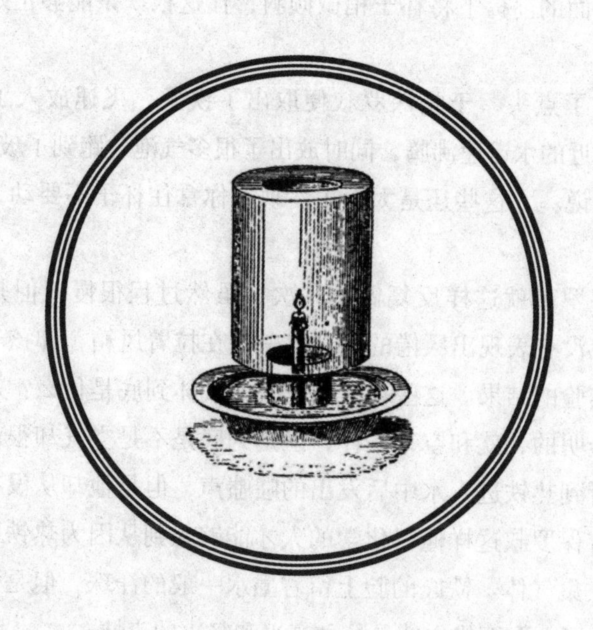

一天，保罗叔带两个孩子来到了村中唯一的铁匠铺中，打算借这个地方来做一个非常奇特的化学实验，向孩子们证明水中含有一种比磷和硫更容易着火的可燃气体。人们都知道水能灭火，但是他现在要从水中取出燃料，孩子们都认为这是不可能的事情，于是对这次的实验非常关注。铁匠认为他的邻居很有趣，于是就打算帮助他完成这个不可思议的想克，将自己的熔炉、工具以及自己的劳动力全都交给保罗叔指挥。不过，他那被烟炱弄脏掉的脸上还是闪过了一丝怀疑。

工作台上放了一只盛水的瓦缸以及一个玻璃杯，熔炉中正在加热一根非常重的铁条。铁匠拉动着风箱，保罗叔则关注着那根铁条，打算在铁条烧至红热后说出实验的方法和步骤。

他对喻儿说："现在将这杯子盛满水，之后倒立在水缸中。将杯子底部提起一些之后让杯子口位于水面下。现在我需要把这根铁条放入杯口下边的水中。放心吧，我不会烫到你的手指的，不过你一定要在不让杯子露出水面的前提下将杯子稍微倾斜，让这根铁条能够正好处在杯子的下边。"

喻儿点了点头，于是保罗叔便取出了铁条，飞速放入了杯子的口边。铁条附近的水迅速沸腾，同时放出了很多气泡，跑到了玻璃杯中。

保罗叔说："这些还是太少了。现在你拿住杯子不要动，我得再弄几次。"

于是保罗叔就这样反复做了几次，虽然过程很慢，但是并没有停止，铁匠也没有表现出厌倦的样子，一直在拉着风箱，和孩子们一起等待着奇怪实验的结果。这些存在杯子中的气体到底是什么？从外观上看它是无色透明的，就和空气一样，但是到底是不是空气却很难说。铁匠每天都会听到热铁进入水中后发出的嗤嗤声，但是他却从没有关注过这一点，只有保罗叔这样懂得化学的人才能够想到从因为热铁而沸腾起来的水中去收集气体。铁匠的脸上留着墨水一般的汗珠，但是那种怀疑的笑容却不见了，取而代之的是一种高兴和坚决的表情。

最后，保罗叔自己用一只手抓住杯底让杯子微侧，之后另一只手拿着火源点燃那些慢慢溢出的气泡。不久，气泡中就发出了一种类似爆破的声音，同时发出了火焰。这种火焰非常黯淡，只有站在背光的地方才能看到，所幸这铁匠铺本来就昏暗，所以倒是非常合适的。噗！第二个气泡响了，之后就听到噗噗声音不断，这些气泡发出了类似排枪的声音并放出了非常暗淡的光。

铁匠非常惊讶地说道："这是到水面上就会爆发，不会被水打湿的火药！你能不能再来一次，我还没有看清楚。"

保罗叔点了点头，倾斜了杯子。噗！噗！噗！气泡从水中升了上来，直到完全消失。

铁匠问："这些比火药还容易着的气体是从水中来的吗？"

"对，它是用热铁分解水得到的，所以就是从水里来的。在制备这些气体的时候我只用到了水和铁，但是铁并非完全必需的，这一点你们之后就会知道了，所以说这种可燃气体必定是从水里来的。"

铁匠点了点头说："化学真是有趣的东西，居然能够使水燃烧起来。如果我有空的话，我一定要学习学习化学。"

保罗叔笑道："你其实每天都在实习着非常有趣的化学。"

"我？锤铁、磨刀这些也算是化学吗？"

"没错，化学就隐藏在这些看似简单的工作中，你其实每天都在实习着化学，只是你不知道罢了。"

"这可真的没想到！"

"我希望把你工作中的化学告诉你。"

"什么时候？"

"就现在。"

"嗯，那么请允许我问一个问题，保罗先生。这种从水中分离出来的气体叫什么呢？"

"这种气体名叫氢，俗称轻气。"

"氢……奥！我会永远记住这个名字的，如果有空的话我一定要把你做的实验展示给朋友看。你的侄子们真是幸福，每天都能和你谈话，如果我也和他们一样年纪，一定会去做你的学生，可惜现在年纪大了，头脑也老了，读不进去书了。那么，现在还有需要我帮忙的地方吗？"

“把火再生起来，将熔炉中的煤烧红。我需要再分解一些水，不过这次使用的是煤而不是铁，得到相同的可燃气体。这样就可以证明氢的确是从水中来的，而不是从铁和煤等无关的东西中来的。好，喻儿现在将杯子拿好，这和刚才用铁条的实验其实是一样的。”

过了几分钟后，熔炉终于热了起来，于是保罗叔便用火钳将烧红的煤取出并放到杯子口附近。瞬间，许多气泡上升到杯底，甚至比用铁条的时候更多。之后保罗叔又按照这样昂的方法多弄了几次，让杯子中充满气体。这种气体在碰到火时同样会发出微弱的光以及爆炸声，之后就可以得出结论了，铁和煤的作用是相同的，氢的确是来自水中。虽然这两种物质是完全不同的，但是分解水后得到的东西却是一致的。

铁匠在看完了保罗叔的试验后一直愣在那里。他想到了自己每天在熔炉旁工作的情景。保罗叔知道他在想什么，于是说道：“你在锻造的时候都会把铁烧得非常热，那么你是怎么做到的？”

“怎么做到的？我现在也正在向这方面想，估计和你说的氢有关。在看过你做的实验后，我觉得我每天做的一些莫名其妙的事情都可以解释了，比如你现在问起的这件事。那边的墙角有一个水槽，我经常用水槽中那个长柄布扫帚沾一点水洒在烧红的煤上，用来制造一般情况下无法达到的高温。”

“你将水洒在炭火上，这种办法看起来只能将火熄灭，但是却能够将火添旺。”

“没错！之前这件事我非常想不通，不过现在看到你关于氢的实验之后就想通了。”

“铁匠先生，你等一下再继续说，我觉得我的侄子们应该对你说的这件事报以怀疑的态度，你能不能用实例给他们证明一下呢？”

“没问题，保罗先生。只要是我力所能及的事情，我非常乐意。我真的很高兴，今天竟做了你的学生。”

铁匠拉动了风箱开始生火。他将一根铁条取来放到炉火中，等到温度非常高的时候将它抽了出来。他说：“现在这根铁条已经红热，就算不停拉动风箱，这根铁条也无法再升温了。比如在锻接的时候如果想要让它的温度继续升高，就需要用布扫帚在烧红的煤上边洒一些水，但是不能洒太多，以防火被浇灭。”

铁匠说完后再次将铁条放入熔炉，之后在炽热的煤上洒了几滴水。孩子们就站在铁匠旁边，像学徒似的看着他的动作。虽然这种普通的方法他们曾经见过很多次了，但是他们的叔父，也就是保罗叔告诉了他们水中含有的可燃物氢的性质，这个时候他们才对这个结果产生了兴趣。因为，如果想要对某件事感兴趣，首先就要十分关注这件事情的本身，很显然，知识能够使我们身边的事物变得异常迷人。

水和炽热的煤接触后发生了离奇的反应，一开始的时候火焰非常长，并且下部非常明亮，顶端呈现红色，并且有少许烟。但是洒完水之后，这种非常长的火苗却猛地缩小，就像是缩到燃料中去了，但是煤的缝隙中忽然开始冒出非常短的白色火焰，非常像是在白天很难看到的氢燃烧时的火焰。这些火焰的温度显然要高很多，用这种白色火焰燃烧的煤发出了剧烈的强光。

铁匠将铁条抽出，发现铁条已经不再是红热，而是变得发白了，并且发出爆裂声音，向外溅射着火星。

爱弥儿想到了之前的实验，叫道：“啊，铁条燃烧起来了！”

铁匠说：“是的朋友，铁条燃烧起来了。如果熔炉一直保持着这么高的温度并且这根铁条被遗忘在了熔炉中的话，它就会慢慢变小，最后全部燃烧殆尽。现在观察铁砧的四周吧，这些散落的铁滓都是被锤子从高热的铁上打下来的。”

“我知道，这种铁滓就是氧化铁。”

“这个我倒是不清楚，我只知道这些是燃烧过后的铁。如果我在炽热的煤上洒水，那么这种铁滓就会非常多，如果不洒就相对少很多。不过，现在让我们来听听你们的叔父是怎么说的吧。保罗先生，为什么水能够生出这种温度的火焰来呢？如果没有水的参与，这些铁只能被烧到红热，但如果有水的参与，这些铁却能够被点燃，发出刺眼的白光。其中的道理我还是有一些困惑。”

保罗叔说道：“其中的道理很容易明白。我来告诉你吧，氢是含热量非常高的燃料，不管是柴火、煤还是其他燃料的火焰温度都没有氢的火焰温度高，并且，没有其他物质比它更容易着火，发热也没有它多。”

铁匠说道：“明白了，我将水洒在那些炽热的煤上后水便被分解了，就像你刚才将炽热的煤放到水里时一样。之后水分解出的氢开始燃烧，产生大量热，于是便把红热的铁变成了白热，我洒的那几滴水就是加入了更好的燃料，这么说对不对呢？”

“完全正确。”保罗叔点头道，“水在被炽热的煤分解后便成了比煤更好的染料。我刚才不是说过吗，其实你每天都在实习化学。”

“是啊，我做梦都没想到会是这样，我怎么知道将煤打湿之后出现了氢呢？想要知道这些就要读书。先生，我这样没有什么知识的人一天到晚就叮叮当，叮叮当的打铁，是没有时间看书的。对了保罗先生，我现在有件事想要问你。曾经我听别人说失火时如果火很旺并且水很少的话，就不要用水浇上去了，而要用泥土等将火压灭。那么这是不是和氢有关系呢？”

“肯定是有关系的。如果碰到大火而只在火上浇一小点水，那么这些水就会被分解，然后提供更好的燃料，于是，火焰不仅不会被熄灭，反而会越烧越旺，就像你在煤上洒水一样。如果你不只是洒那么几滴，而是直接将一大桶水倒下去，那么火焰肯定熄灭了。所以说如果要灭火的话就需要用大量水，如果杯水车薪，就真的像俗话中说的一样火上浇油了。”

铁匠说道：“和你谈话真是受益匪浅啊！我这里的熔炉是一天到晚都会生着的，如果你在化学实验上有需要帮忙的，尽管过来便是。”

保罗叔谢过了他的邻居，就带着孩子们动身回家了。喻儿在铁砧周围捧了一些铁滓，打算拿回去做一些研究。

回到家里后，孩子们得到了保罗叔的允许，打算自己动手做在铁匠铺看到的实验。他们对那种从水中出现的可燃气体表现出了很大的兴趣，并且打算脱离保罗叔的指导，自己动手制一些氢，毕竟这是一个非常简单的操作，并且也不需要什么危险药品。

虽然铁匠是一个非常和善并且非常礼貌的邻居，但是孩子们也不愿意去屡屡打扰他，耽误他的工作，并且家里是做实验的好地方，不会妨碍到其他人，想做几次就做几次。可是，这种事情在家里做的话到底能不能成功呢?

保罗叔说："这实验自然是可以在家里做的，我们只需要用在风炉中烧红的木炭代替煤和铁条，并且准备一大盆水和一个杯子即可。实验的工序和在铁匠铺中没什么区别，木炭烧红后用火钳将它夹起，放到没入水中的杯子口旁边就可以收集到氢了，实验成功与否就在于你们用的木炭是否和熔炉中的煤一样热，所用的煤或是木炭越热，就越能分解大量水。最后，我还是要好心提醒你们一下，小心别烫到自己的手指。"

喻儿说道："叔父不必担心，爱弥儿拿着杯子，我来钳木炭，保证不会烫到他的。"

"嗯，我还要提醒你们，如果你们要用红热的铁来做实验，那么我就不能保证你们一定会成功了，我们的风炉太小，估计无法将铁条烧到红热，不过你们要去试一下也是可以的，小心灼伤就行。"

保罗叔嘱咐完毕，于是便让侄子们自己去动手做实验。

两个小化学家在风炉上装好木炭后将它们烧成炽热状态，接下来的步骤完成得很出色，氢的气泡缓缓上升，说明这实验已经算是成功了。喻儿看着氢碰到火后发出的蓝色火焰，觉得和铁匠铺中用烧红的铁做实验时产生的微弱的光有些不同。他把这一发现告诉了爱弥儿，爱弥儿也这么认为。

他们又用烧红的铁来进行实验，在风炉上加热一根非常细的铁条，花费了很多时间和耐心，只得到了只能点燃三四次的少量氢，并且发出的火焰还非常微弱，几乎看不到。于是他们又连续做了几次试验，得到的都是一样的结果。不过它们对这种结果已经非常满意了，因为保罗叔早就提醒过他们用烧红的铁来做的话成功率不大。

# 第18章

# 氢

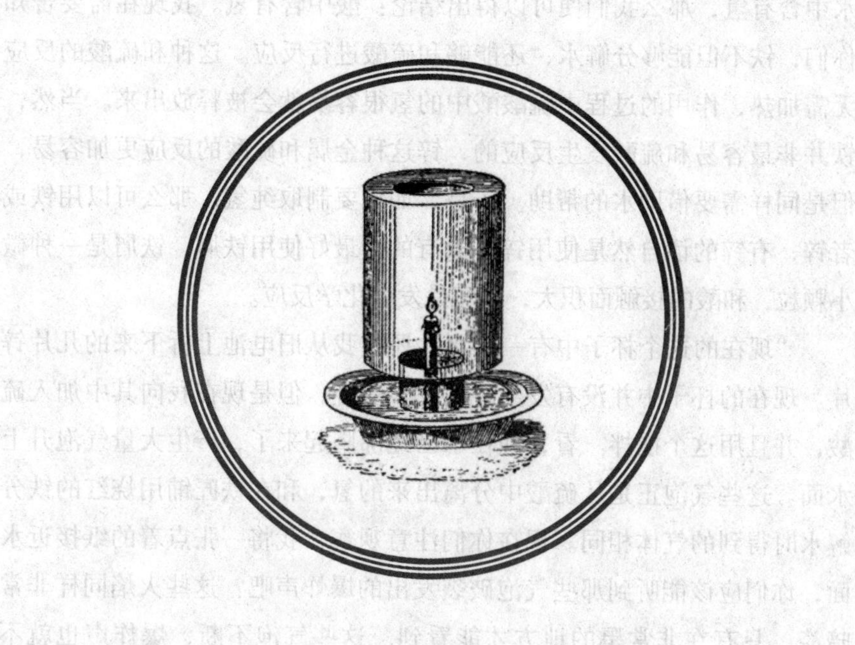

用烧红的铁来制氢是非常麻烦的，并且耗费时间长，得到的氢还很少，就算需求量不大，也得反复做好几次才行，如果用烧红的炭来代替铁，虽然耗费时间短了，但是得到的却不是纯净的氢，其中混杂着来自碳的其他气体，喻儿看到的蓝光就是因为这个原因。不过还好他们的目的只是为了证明水中能够分离出可燃物氢，短时间内制取大量氢则不在他们要考虑的范围内。

保罗叔说："我们现在不能再用炭来制取氢了，因为这种办法制取出来的氢含有很多杂质，如果想弄清楚氢的性质，就必须要得到纯净的氢。当然，用烧红的铁去制氢这个办法也可以抛弃了。虽然用这种办法制得的氢比较纯净，但是太少了。我们现在就找一种更加简便的方法来制取更多的氢，并且不需要用到那些例如熔炉、风炉等不好弄到的工具。

"你们已经知道非金属氧化物在溶于水后形成酸，刚才你们又知道水中含有氢，那么我们便可以得出结论：酸中含有氢。我现在需要告知你们，铁不但能够分解水，还能够和硫酸进行反应。这种和硫酸的反应无需加热，作用的过程中硫酸酸中的氢很容易就会被释放出来。当然，铁并非最容易和硫酸发生反应的，锌这种金属和硫酸的反应更加容易，但是同样需要借助水的帮助。于是，如果要制取纯氢，那么可以用铁或者锌，有锌的话自然是使用锌，没有的话最好使用铁屑，铁屑是一种微小颗粒，和酸的接触面积大，很容易发生化学反应。

"现在的这个杯子中有一些水，还有我从旧电池上拆下来的几片锌片。现在的杯子中并没有发生什么化学反应，但是现在我向其中加入硫酸，并且用这个搅拌。看，现在水已经沸腾起来了，产生大量气泡升上水面。这些气泡正是从硫酸中分离出来的氢，和在铁匠铺用烧红的铁分解水时得到的气体相同。现在你们注意观察，我将一张点着的纸接近水面，你们应该能听到那些气泡破裂发出的爆炸声吧？这些火焰同样非常暗淡，只有在非常黑的地方才能看到。这些气泡不断，爆炸声也就不断，说明它们正是氢。"

孩子们认为这种类似机关枪一样的声音以及停留在水面的火焰非常

有趣，不过，它们认为更有趣的是这些沸腾的水。要知道水并没有经过加热，但是现在杯子外壁已经非常烫手了，手指都无法触碰。

保罗叔猜到了他们的想法，于是说道："你们观察一下这个杯子中的情况。这些锌片上有大量气泡，那么就证明锌片表面就是发生化学反应的地方。这些气体不断上升，就会将整杯液体搅动不宁，就像火上的沸水被气泡搅动一样。但是就整体而言这杯液体并没有动，只不过是被这些气泡搅动了而已，如果你们用一根管子向水中吹气也会出现这种情形，这并不是液体沸腾起来了，而是一种错觉。"

爱弥儿说道："不过这杯子外壁很热，手指都无法触碰。"

"没错，的确热，不过这却远没有沸腾的水热，温度远在沸点之下。如果想让我证明的话，我只需要将里边的锌片用钳子取出，那么这些气泡就会瞬间停止，液体就会马上安静下来了。"

"不过这液体总归是很热的。那么，既然没有点过火，为什么杯子里的液体这么热呢？"

"啊，我明白了，原来爱弥儿是不明白为什么会在没有火的情况下产生热。"保罗叔笑道，"那我问你，之前做硫黄和铁的混合物实验时其温度非常高，但我们没有用到火；泥水匠在石灰中倒冷水的时候混合物的温度也会升高，但他们也没有用到火。其实其中道理非常简单，硫酸在和锌反应以及浓一些的硫酸稀释时会放出大量的热，这个杯子就是例子。

"你们已经知道锌和硫酸反应可以得到氢，但是这样得到的氢该怎么收集呢？我们制取氢需要用到三种物质，硫酸、水以及锌，在这个实验过程中水和锌可以一起放到杯子里，但是硫酸却需要按需求一点点加入，如果一下加入太多，那么大量产生的气泡就会使杯中的酸液飞溅，它们的腐蚀性非常强，足以烧毁衣物，烧坏皮肤。并且，在加入硫酸的时候一定不能将产生氢的器皿揭开，如果空气和氢产生了混合，会形成一种危险的易爆混合物。

"一般来说在这个实验中需要用到一个装有一些锌片的玻璃瓶，当然，锌箔的效果会更好，卷成柱状后从瓶口放入，然后再向瓶中加水，使水足以没过锌。之后用带有长颈漏斗和曲玻璃管的软木塞塞住瓶口，便做成了制氢的装置（图11），我们只需要从长颈漏斗中放入硫酸即可制得氢了，在这个过程中我们就不需要太过注意了，只需要在反应变得缓慢的时候加入一些硫酸即可。这个装置非常简单，但是十分巧妙，漏斗的下端没入水中，以免瓶外的空气由此进入与制得的氢混合，其中的道理我在之后会说明的。这样做并不会阻碍硫酸的通入，瓶子中的氢被水挡住，所以无法从长颈漏斗处离开，于是只能从曲玻璃管离开。也就是说，这个小型工厂只有两扇门，一扇是只能进不能出得长颈漏斗，另一扇是只能出不能进的曲玻璃管。

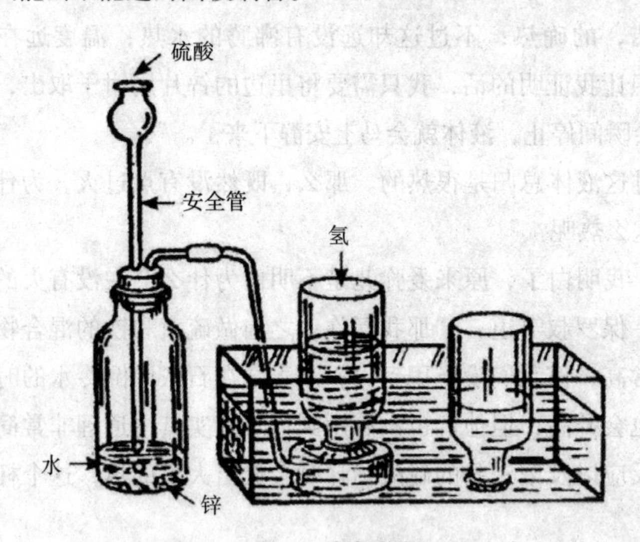


图 11　制氢装置

“当然，如果曲玻璃管太细或是被堵住，氢就会流通不畅，于是便压迫长颈漏斗中的水，使水面上升。所以，这长颈漏斗还能充当一个警示器，如果我们发现长颈漏斗中的液面上升，就意味着这个装置的曲玻璃管出现了故障。当然，如果我们加入的硫酸不算太多，一般是不会出现这种情况的。”

说完，保罗叔便取出了一个广口瓶和一个比较大的软木塞。他将软木塞用锉锉成了适合广口瓶的大小，之后在上边钻了两个小孔，一个小孔插入了一根比瓶子长一些的直玻璃管，插入的一段差不多完全透出了木塞，另一个小孔插入了一根之前用过的曲玻璃管，透出木塞大概一寸左右。做完这些，他又在瓶子中放入了一些锌片，之后倒入水没过锌片，用木塞塞住广口瓶后用泥巴糊住了各个接口，防止气体逸出，最后将曲玻璃管在瓶外的一端放入水盆。

爱弥儿看着保罗叔的操作，心里非常兴奋，因为他马上就能看到可以供多种实验的大量纯氢了。不过他发现保罗叔没有使用长颈漏斗，而是使用了一根直玻璃管，于是他便不解地问道："叔父，这个不是长颈漏斗，是直玻璃管啊。"

"没错，因为我没有长颈漏斗，所以只能用这个来代替了。"保罗叔回答道。

"但是这个直玻璃管太细了，没有漏斗的话如何向瓶中添加硫酸呢？"

"这的确是个问题，那么喻儿，你有没有攻克这个难题的办法呢？"

喻儿说："办法是有，不过说出来的话你们也许觉得好笑。我打算将一张厚纸卷成圆锥形，在锥顶留个小孔，插入直玻璃管中来代替长颈漏斗，不知道可不可以呢？"

保罗叔说："这个方法的确很不错，没有漏斗的话我们是无法将这个实验做好的。纸漏斗的确可以代替玻璃漏斗，只是这硫酸有强腐蚀性，它碰到纸就会把纸弄烂。不过还好纸并不值钱，我们可以随时更换纸漏斗。"

说完这些之后，保罗叔便开始准备，纸漏斗非常妥当地安放在了直玻璃管的上端，使硫酸在进入瓶子的时候不会遇到困难（图12）。实验开始后，在注入硫酸的瞬间瓶中的水立即像是沸腾了一般开始翻滚，氢气也从曲玻璃管的另一端放出，在水中形成一连串气泡。孩子们马上就将点燃的纸片接近水面，这些气泡碰到火的瞬间就发出了噗的响声以及灰白色的、一闪即逝的光芒，这证明它们的确是氢。就算是在完善的实验室中来做这个实验，估计也不会得到比这还好的成绩了。

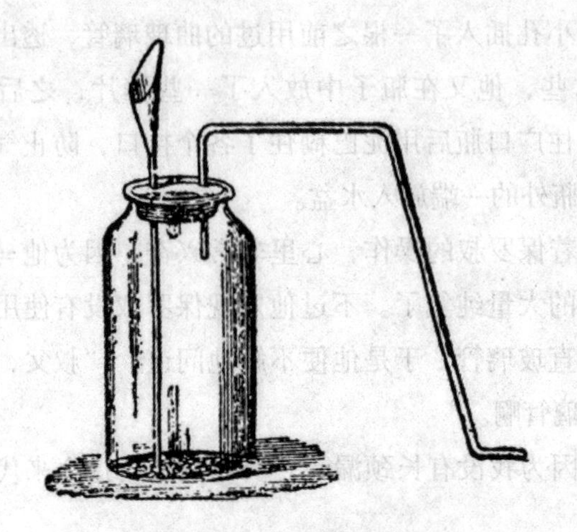

图 12　保罗叔的实验装置

保罗叔说："你们已经听过很多次这种气泡被点燃后发出的声音了，不过现在我们要点燃大量氢。现在我先在水中溶解一些肥皂，像这样将曲玻璃管插入肥皂水中。你们应该知道肥皂水的效果吧，用麦秆向肥皂水中吹气，就会得到非常多的肥皂泡，那么按照现在这种情况来看，我们可以得到很多充满氢的肥皂泡。"

说着，保罗叔便用一张点燃的纸片靠近肥皂泡，泡中的气体马上便燃烧了起来，虽然发出的光依然是灰白色，但是却发出了比之前响得多的、像是鞭炮一样的声音，并且火焰也比之前大了不少。

保罗叔在孩子们的请求下又做了一次，由于这一次的肥皂泡更大些，所以爆炸的声音也更响些。

做完这些，保罗叔说道："从这个实验可以看出氢很容易着火，点燃的纸片一旦靠近肥皂泡，里边的气体就会立刻爆发。好，现在我们来看另一个实验，这个实验将告诉我们虽然氢本身可燃，但是却可以用来灭火。虽然氢是最易燃的物质了，但是点燃的物体放入氢中便会瞬间熄灭，就和放入氮中没有什么两样。好，现在我便来证明这一点，我先将曲玻璃管的一端放入水盆，用广口瓶和玻璃筒收集氢，就像收集氧时一样。"

保罗叔在收集满一瓶气体后继续说道："现在这广口瓶中已经充满

了氢，我需要从水中取出它。”

保罗叔拿住瓶底，就这样缓慢地直接提了起来，并没有把瓶子倒过来，也没有用手去挡住瓶口。孩子们看到保罗叔的举动后，都认为他有些疏忽了。

“瓶口没有塞子，并且朝下，那么这么拿的话，气体不会落下来吗？”孩子们好奇地问。

“并不会，氢是不会落下来的，它比空气轻很多，只会向上飘，不会落下的。所以如果想要防止它逃逸，就需要挡住它上升的道路，而下降的道路则不用去管，我倒置广口瓶就是这个意思。好了，现在你们仔细看，我现在将点燃的蜡烛插入瓶中。”

保罗叔这样做后，瓶口的氢立马发出了轻微爆炸声，并且被点燃产生了火焰，渐渐向瓶内上升。但是蜡烛的火焰在到瓶内之后却马上就熄灭了，和在充满氮的瓶子中是一个结果。

这种结果让孩子们非常难以理解，他们不懂为什么能够被点燃的气体却能够将火焰熄灭。不过，在听了保罗叔做出的解释后才发现其中的道理其实非常简单。

他说：“现在我再把之前说过的燃烧原理叙述一遍：燃烧时可燃物和氧的化合作用，任何物质都不能在没有空气，或者说没有氧气的地方燃烧，蜡烛放入装有氢的玻璃瓶中后立即熄灭的原因正是如此，因为纯氢中没有氧。虽然氢是可燃物，但是它并不能助燃，所以蜡烛便会熄灭。同样的，氢燃烧也需要氧，所以氢只在有氧的瓶口处被点燃，但是当和空气接触的那一部分烧完之后，空气就占据了原来氢的部分，于是火焰才会向着瓶底前进（图13）。

“空气要比氢重14倍，这个关系是用能够称量哪怕一根毛发重量的最精确化学天平测定出来的，它虽然非常轻，但是它是一种物质，也是有重量的，每一升氢约重0.1克左右，是世界上最轻的物质。一升水的重量是1千克，相当于同体积氢的一万倍。当然，比水重的物质比比皆是，其中最重的物质是一种名叫锇（é）的金属，它比水重约22.5倍，比氢重约22.5万倍，其他的物质不论轻重总是排在这最轻与最重的两极之间。

但是，我们实验室的设备并不充足，所以无法将以上所说都一一证明，但是我们可以用实验证明空气是远比氢重的。

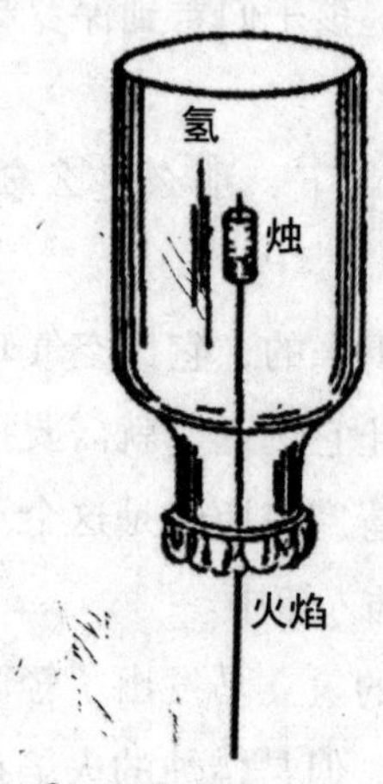


图 13 蜡烛放入纯氢后的现象

“你们刚才已经看到了我拿装有纯氢的广口瓶的方法，也就是瓶口向下，防止氢逸出。氢的重量很轻，它会由于空气的浮力向上升，所以如果想要禁锢它，就必须挡住它向上的路。好，现在我们来做个实验，来证明如果我们将瓶口向上，那么瓶子中的氢就会完全跑掉。”

保罗叔再次将广口瓶中充满氢，拿起来直立在桌子上。三人就这么等待着，但是并无法得知有没有东西从瓶口出来或是从瓶口进去，因为氢和空气都是无色透明的，所以就算眼神再好也无法看出两种气体的交替。

过了一会儿，保罗叔说道：“现在我们等得够久了，这些氢气应该已经全部逸出，瓶子里现在应该被空气占据了。”

爱弥儿问道：“你怎么知道的？我可是什么变化都看不出来。”

“如果真的用眼睛看，那我也看不出什么来，就算我们三个一同去看，也看不出什么来。”保罗叔说道，“但是烛火却可以告诉我们那些看不到的东西。如果这个蜡烛放到广口瓶中后还能继续燃烧，就说明里边已经不是氢而是空气了，如果无法燃烧，就证明瓶子里依然是氢。”

说完，保罗叔便点燃了一根蜡烛头，并将它伸入瓶中。之后，他们便看到这蜡烛头在瓶中并没有熄灭，而是和在外边一样安静地燃烧着。这就说明瓶子里的氢已经逸出，较重的空气取代了它的位置。

保罗叔说：“设想一下，如果我们将一碗油压入水中后会发生什么。如果从水的方面来看，水比油重，所以水就会将碗中的油压走，碗中就会被水占据；同样的，从油的方面来看，油比水轻，所以它肯定会离开碗浮到水面上，广口瓶瓶口朝上的时候，氢和空气就像是油和水一样。当然，我现在还有一个更好的实验来证明氢比空气轻。爱弥儿，你不是经常用麦秆和肥皂水吹肥皂泡吗？这就能表明我们氢的重量是非常小的。”

爱弥儿说：“没错，叔父，吹肥皂泡很有趣！在麦秆的一端吹气，另一端就会出现一个越来越大的气泡，如果找到合适的方法，这个气泡甚至能和苹果一样大。并且它们都是五颜六色的，红、绿、蓝，各种颜色，比院子里的花朵还要漂亮，就像是彩虹一般。不过它们无法飞到天上去，并且很容易破裂，那些颜色也就随着破裂消失掉了，算是美中不足吧。”

保罗叔道：“既然如此，这一次我就让你看到你心中的那种完美肥皂泡，它能够上升，会让你觉得没有遗憾的。”

“那可真是太好了！”

“好，现在你先按照平常的办法来吹一个肥皂泡吧。”

爱弥儿点头，拿出一根麦秆，蘸上肥皂水之后吹出了很多气泡，最大的一个大概有拳头大小。这些肥皂泡在越变越大的时候都会在表面出现彩虹一样的五彩光芒，不过它们只要离开麦秆，就会慢慢坠落在地面，不会飞起来。

保罗叔道：“这种肥皂泡之所以不会飞起来，是因为气泡中的气体依旧是空气。空气在空气中自然不会上升也不会下降，但是肥皂泡本身是有重量的，所以它们才会因为肥皂泡的重量缓慢下落。所以，如果我们想要让肥皂泡向上飞，那么我们就需要让肥皂泡内的气体比空气轻，使整个肥皂泡的重量小于被肥皂泡排开的空气重量，氢气便是非常好的选择。”

爱弥儿问道：“那么要如何用氢吹肥皂泡呢？总不能用嘴吧？”

“当然不能用嘴，不过，我们可以用产生氢的瓶子来吹。如果将曲玻璃管换成另一根直玻璃管，并将麦秆插到直玻璃管中，封住接口，之后只需要在麦秆上滴一些肥皂水即可，我们就能够得到用氢吹成的肥皂泡了。”

保罗叔说完便按照这个方法开始做，没多久便制作好了这个装置，并且在麦秆顶端吹出了很多气泡（图14）。这些气泡大小不一，但不管是大的还是小的，都有向上飞的趋势，其中的一些大个的肥皂泡离开麦秆之后真的开始上升，不过一些在上升过程中就破裂了，只有少数能够一直飞到天花板上。

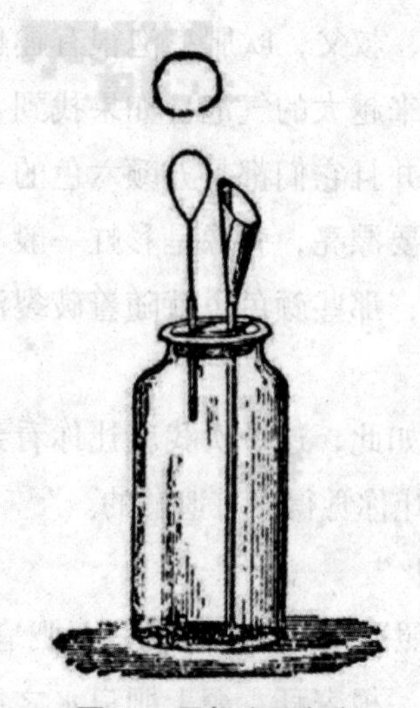

图14　用氢吹肥皂泡

孩子们呆呆地看着这些氢气球，看着它们悄然出现，越变越大，脱离麦秆，缓缓上升，在天花板上碰碎。一个、两个，这些气泡都在按照相同的方式出现并消失。喻儿看到这些现象的时候开始了深思，爱弥儿则奏起了凯旋歌。

保罗叔说道：“现在，你们将蜡烛头绑在竹竿上，试着将火焰移到气泡底下试试？我想，这应该算是比现在这个更有趣的化学游戏了。”

爱弥儿听保罗叔这么说后非常感兴趣的将蜡烛头绑在了竹竿上，点燃之后将它伸到气泡下方。然后他就听到噗的一声，那个气泡爆炸了，在空中化作了火焰。爱弥儿没想到会这样，被吓了一跳。

保罗叔问道："吃惊了吧？你不知道氢是易燃气体吗？如果这些用氢吹成的气泡碰到了烛火，那是一定会燃烧起来的。"

"对，其中的道理很简单，但是我在这么做之前没有想到。"

"好的，既然现在知道这么做的结果就是这种小型爆炸，那么就再多做几次吧。"

爱弥儿追逐着那些没有碰到天花板的气泡，将它们一一点燃。他的动作很敏捷，再加上氢的易燃性，居然一个气泡都没能碰到天花板，在碰到天花板之前就被爱弥儿点燃了。

这时，问题很少的喻儿开口了："如果这些肥皂泡撞到天花板后就会破裂，那么如果没有天花板的影响，它们能够飞多高呢？"

"如果不在中途破裂的话，它在空旷的环境中能够飘得非常高。但是由于它的膜非常薄，稍微遇到一些外力就会破裂。如果在晴朗无风的天气下，它们甚至可以飞到我们看不到的地方去。我看今天天气就很不错，那么我们去外边试试吧。"

于是保罗叔和孩子们便将实验装置搬到了室外。在这里，气泡的产生并没有受到影响，但是一些气泡在到大概房顶高的时候就自己破裂了，只有少数能够越升越高，直到视力最好的爱弥儿都看不到它了。

爱弥儿问："它们能够飞到非常高吗？"

"由于气压等因素，它大概最高能飞到100米左右吧，并不会飞到特别高的地方。"保罗叔解释说，"不过到了100米这个高度，我们肉眼就已经看不见了，它外边的薄膜也会很快破裂。你现在看到的这个气泡，恐怕眼看就要炸裂了。"

"那么，如果这些薄膜不会破裂，它们最高飞到哪里呢？"

"你的这个问题，我倒是能够给出比较确切的答案来。如果飞行家需要侦测大气最上层的情况，就可以用丝织品制作大气球，外边涂上胶质，里边充满氢或是其他气体，这样就可以升到非常高的地方。1934年1月30日，苏联大胆的飞行家瓦森科、费多赛因科以及乌赛斯金曾经乘坐着这种气球到达过22000米高空。"

喻儿问："他们为什么不再飞高一些呢？如果换做是我的话，我一定要飞到天的顶端去看看。”

“如果换做是你，恐怕就飞不了那么高了，需要有非常大的胆量才敢飞到这个高度。要知道，我刚才提到的这三个飞行家在下来的时候就已经死去了。”

“那么，如果人不会遇到任何危险，那么这种氢气球能不能飞得更高一些？”

“当然。”

“有多高？”

“这就难说了。或许是刚才我提到的数字的两倍吧。苏联曾报道过，他们的探空气球曾经上升到了25英里的高度，也就是约4万米左右。这里的真实性暂且不提，我们可以确定的事情是：不论是多么精巧轻便的气球，它们能够升到的高度也十分有限。大气层厚度约是45英里，也就是72000米左右，那么，物体的上升高度就绝对不会超过这个极限，因为这个高度上就已经没有空气提供浮力，可以让气球继续飞起来了。”

爱弥儿道：“我认为不管是几千米还是几万米，这些都不是最主要的，只要能有一个不会破裂的气球带我上天玩玩就好了。”

“这当然不是很费事的，你明天就可以见到一个不会破裂的气球。”

“我能不能把它升到高空？”

“当然。”

爱弥儿听完保罗叔的话之后高兴的摆起了手。虽然他不能亲自去天空看一看，但是送一个氢气球上天也是非常有趣的。他说：“我还有一个问题，肥皂泡在充满气体后在薄膜上会显出各种颜色，这些颜色是哪里来的呢？”

“这种颜色其实和大气、氢或是肥皂水本身都没有关系，它仅仅是薄膜对光的一些作用产生的。只要是透明的物质，在变成薄膜并且受到阳光照射之后就可以出现多种多样的颜色了。比如将一滴油滴在水中，那么它就会平铺在水面上，可以看到很多种颜色。这些物质都可以叫作彩虹物质，它们能够呈现出彩虹般的美丽色彩，比如肥皂泡、薄油层及其他透明的薄膜状物质。”

第19章

# 一滴水

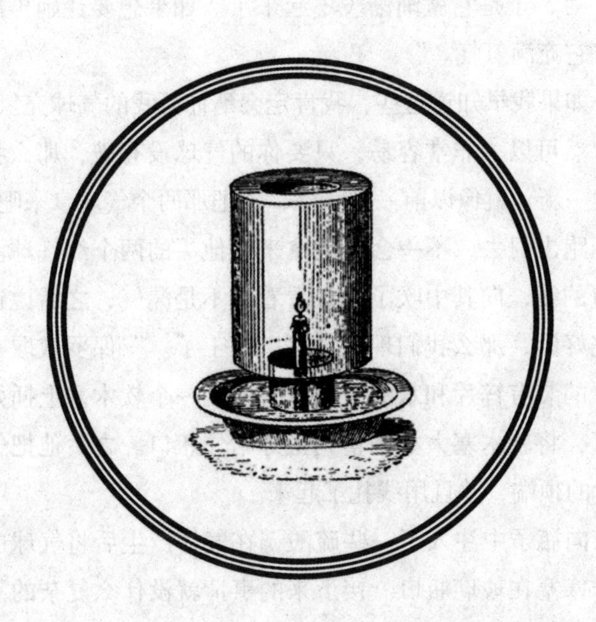

保罗叔说道："还记得我昨天说过的话吗？我要给你们看不会破裂的氢气球。那么我现在就来展示给你们看看。不知道爱弥儿记不记得你几个月前从城里买的两个橡胶做的红色气球，它们也能够像装有氢的肥皂泡一样升上天空。"

爱弥儿回答道："我还记得，因为它能飞得很高，所以那是我最喜欢的玩具。不过我买到它们之后过了几天它们就无法飞起来了，于是我就把它们放到我的玩具箱里，已经很久没有玩过它们了。"

"那么你想没想过它们飞不起来的原因？"

"想过，但是没有得到答案。"

"现在我就来告诉你答案吧。"保罗叔说道，"这种气球中的气体就是氢，它的外层是富有弹性的橡胶，在受到其中氢的压力之后就会膨胀，虽然它不像棉毛织物等那样透气，但是也还是有缝隙的，所以比缝隙还要微小的氢就从里边跑出来，这个气球就会缩小，外边的空气进入球内代替了氢，于是它就渐渐飞不起来了。如果想要让她再次飞起，就需要再次将它充满氢气。"

"啊，如果我早知道这些，我肯定会请你帮我的气球充氢。"

"这自然可以，非常容易，只要你的气球没有破，那么我们完全可以让它焕然一新，就像以前一样。好，你把那两个气球拿来吧。"

爱弥儿跑出门去，不一会儿就拿来了他买的两个红气球。保罗叔解开了气球口的线，向其中吹了气，看看是不是漏气，之后说道："这些气球还是完好的，那么我们现在就可以开工了。"保罗叔取了一个容积大约是一升的装有锌片和水的玻璃瓶，并在一个软木塞上插好直玻璃管或者鹅毛管，将软木塞大小调整到正好堵住瓶口。之后他把气球的口绑在了玻璃管的顶端，并且用线扎了起来。

保罗叔向瓶子中注入了一些硫酸，在气体产生后将气球中的空气挤出，将软木塞塞在玻璃瓶口。接下来的事情就没什么复杂的了，只需要等待氢充满气球就行了。"看，它现在已经变成球形了。"保罗叔说道，"这些气球再次承受了氢的压力。好，现在我用细线缠住距离玻璃管四五毫米处的气球颈部，就可以把它拿下来了。如果不拿下来的话，瓶中的氢没有了出路，就会越积越多，甚至可能将木塞突然崩开，液体飞溅，这必然是很危险的。”

喻儿看到保罗叔手中的气球有上升的趋势，就说道：“现在我们试试看它能不能飞向天空吧？”

爱弥儿说道：“这当然可以，不过我们需要用绳子拉住它，不要让它真的飞走了。”

保罗叔说道：“等一下，我们这么做之前先来考虑一个问题。这个气球中大概有一升左右的氢，其重量约是0.1克。同体积空气的重量是氢的14倍，那么一升空气的重量就是1.4克，二者差值为1.3克。现在我们假设这个气球的重量是1克，于是我们如果要保证他能够飞起来，绳子的质量就不能超过0.3克，这个重量很小，你也就不必对它的长度报什么期望了。”

“嗯，你说的没错！那么我们用细线绑住它吧。”

在气球口绑上细线之后，孩子们便把气球升上了天，不过，孩子们没想到的是，这个气球并没有升到很高的地方去。他们非常奇怪地问道：“气球为什么停在半空了？”

“这就是我刚才说的原因。气球升得越高，拖住的线重量越大，在升到某个高度时气球本身的重量和细线的重量以及氢的重量等于和气球同体积空气的重量时它便无法再上升了。既然爱弥儿要保存这个气球，那么我们完全可以再吹一个更大的，让它飞到天上去。”

保罗叔说的没错，在不拖线的情况下，气球飞快地上升，没过多久就飞到了看不到的地方。不过，不管它飞到多么高，最后总是会落下来的，因为空气最终还是会和里边的氢交换位置，让它下沉，只是它不能降落在原来的位置了，毕竟只要有一丝风，它就会被吹走。

喻儿问：“如果我们没有爱弥儿的气球，猪的膀胱可不可以代替呢？那个东西也像是非常轻的气球，便于寻找，并且看上去很合适。”

“在找不到其他更适用的东西时，猪膀胱也可以用。不过需要注意的是，它虽然比气球大一些，并且外皮也比气球牢靠一些，但是它的表面一般会有一些脂肪，这些脂肪增加了它的重量，但是我曾说过，气球的外皮是越薄越好的。一升氢能够维持约1克的重量，现在我们假设猪的膀胱能够容纳4升氢，那么它就能维持约4克的重量，于是，如果我们要放飞猪的膀胱，就需要将上边的脂肪刮去，减轻它的重量。当然，在刮的时候一定要小心，免得将外皮刮破。

“上边这个例子告诉我们氢是远轻于空气的，我们的下一个目的就是来验证氢和空气的混合物的性质。”保罗叔说着便在一个容积约0.25升左右的长颈小瓶中放入了三分之一的水后将长颈小瓶倒置在了水中。现在在这个瓶子中空气和水的比例约是二比一。

做完这一些，保罗叔又在产生氢的瓶子中放入了一些硫酸，用曲玻璃管将氢导入长颈小瓶。这样一来，氢就会将其中的水排出，里边的空气和氢的比例也就是二比一了。之后保罗叔塞紧了长颈小瓶，在外边严严实实地缠上了一条毛巾，只把瓶颈露了出来。

“你们注意听。”保罗叔说完便抓着这个长颈瓶，打开了塞子，将瓶口靠近蜡烛的火焰。紧接着，就听到一声爆响，把孩子们都吓了一跳。

爱弥儿很快回过神来，高兴地叫道：“好一支气枪！再来一次吧叔父！”

于是保罗叔便再次做了一遍，充上氢和空气之后一连点燃了好几次，开了好几枪。氢和空气的比例不同，发出的声音也不同，有时音高短促，有时又像嘈杂的长啸，还有时甚至像狗叫，让爱弥儿觉得非常有趣。

保罗叔说：“根据这个实验现象，我们了解了氢和空气混合起来能够变成在遇到火焰时爆炸的混合物。虽然我们看不到它，但是这混合物力量却非常大，如果盛装它们的容器口太小，甚至会将容器炸裂。我之所以选择了一个非常小的长颈小瓶，并且用毛巾一层一层包裹它，就是为了防止它炸裂后的碎片飞散伤人。瓶子小了，爆炸的威力也就小了，就不会危及我们了。

“从之前的事情你们已经知道空气是有活泼气体氧和不活泼气体氮混合而成的，氢的爆发和氮没有关系，氮反而会阻碍氢的这种爆发。所以说，氢的爆发依靠的是氧，如果我们用纯氧和氢混合，产生的爆炸会更剧烈。好，这个实验的必需品我已经准备好了，早晨的时候我预先制了一瓶氧，就倒扣在那边那个碗中。现在我首先将一个重要的事情告诉你们，如果想要听到最强烈的爆炸响声，那么就需要将氢和氧按二比一的比例混合。

“我现在已经在一个广口瓶中装满了水，当作爆炸的容器。之后先充入三分之一氧，再充入三分之二氢即可，我们就做好了爆炸品。现在这个瓶子中虽然看不到什么东西，但是却非常危险，如果不小心走火，那么这个玻璃瓶就会瞬间爆炸，炸伤我们。虽然我们准备着水，但这并不是百分百保险的，它的爆炸和潮湿与否无关，就算在水底，它们的爆炸也是非常恐怖的，你们在自己做这个实验的时候一定要记住这一点。

“现在我用漏斗将这些气体中的一部分在水中移入长颈小瓶，并且用毛巾裹好，用塞子塞紧。好，现在做完这一切之后我们就可以点火了。”说着，保罗叔拔开塞子，将瓶口靠近火焰，并且说道：“小心了！一！二！三！”

孩子们也叫道：“三！”

之后就听到了一声巨响，像是炮声一般。爆炸的声浪直接将整个屋子震了一下，爱弥儿迅速跳了起来，看起来是有一些惊讶。

他叫道：“啊！这种看不到的东西却能发出这么大的响声，如果我早知道的话一定要堵住耳朵。”

“这个实验本来就是用来听得，你堵住了耳朵就听不出正确的声音了。不要怕，不然我就不能再做这个试验了。”

由于每次爆炸都会把蜡烛吹灭，所以保罗叔再次点燃蜡烛，再次重复着这个实验，爆炸的震波将玻璃窗震得乱响，但是这一次爱弥儿却没有被吓到，而是勇敢地观察着，并且发现瓶口窜出了一道大概一米长的火焰。在做了几次试验之后，爱弥儿甚至问保罗叔能不能让他拿着瓶子来做这个实验。

保罗叔说：“我们已经做过了很多次这个实验，这个瓶子并没有出现碎裂的痕迹，证明它完全可以经受住这样的爆炸，所以我很愿意让你来拿着它。不过，为了保险起见，你最好还是在外边包上毛巾比较好。”

保罗叔再次将混合气体充满小瓶，爱弥儿拿着它摆好了炮手的姿势发射了这个玻璃炮，之后喻儿也自己来做，直到将这些能够爆炸的混合气体全部用完。

保罗叔说道：“现在我们的炮弹已经用完，无法再玩玻璃炮了。现在我们要做的就是分析这种反应后的产物。氢和氧在爆炸时发生化合反应，随着这道不太明亮的火焰，我们会得到新的无色气体，这种气体需要收集并且凝缩之后才能够观察。不过我们如果按照刚才的这种方法来做的话就有一些麻烦了，首先混合气体的量太多，产生爆炸的话会十分危险，并且这些气体都散在了空气中，无法收集。于是，如果我们想要得到这种新物质，就必须使用别的方法，让这两种物质反应慢一些，比如将一个正在产氢的管子管口点燃，让它缓慢燃烧。

“现在我们来准备这个缓慢反应装置。其实这个装置和我们之前见过的吹肥皂泡的装置很相似，只是要将那个直玻璃管换成管口只有针眼大小的尖嘴玻璃管就行（图15）。将一根易熔玻璃管在酒精灯上加热中间部分，在软化后将其拉长，使软化的部分变细，再用锉刀锉断就能制作成两根尖嘴玻璃管了。”

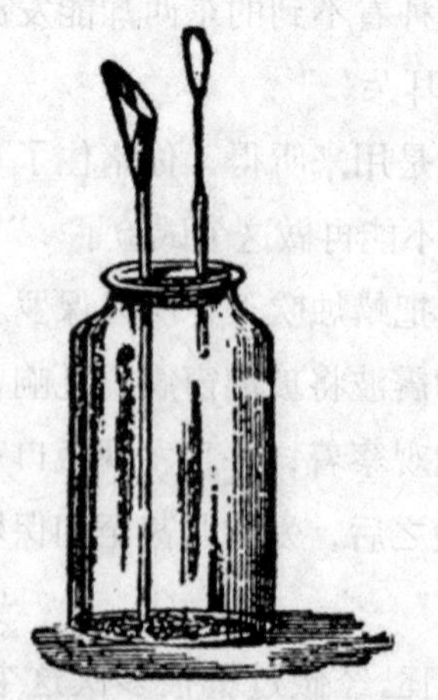

图 15　将直玻璃管换成了尖嘴玻璃管

保罗叔将这些工具准备好，说道：“现在如果我把水、锌以及硫酸放入瓶中就会产生氢，这是我们都知道的。现在，经过慎重考虑后，我要在这个尖嘴玻璃管的端口也就是氢的出口处将氢点燃。要知道，氢和氧按比例混合后会是一种易爆气体，这些氢气中混杂着瓶中之前就存在的空气，所以就这样点燃的话十分危险，它们极有可能在瓶中爆炸，炸碎瓶子，波及我们。就算不会这样，也会将这个塞子直接喷出，将四溅的酸液洒到我们衣服上，腐蚀我们的衣服和皮肤，如果溅到眼睛中就更加危险了，严重的话甚至会失明。所以我需要提醒你们，你们在自已制氢并点燃它的时候一定要注意这一点，先要看清楚其中有没有混杂着空气。

“这个实验中一开始出来的氢肯定是混有空气的，所以我们不能立即点燃，需要等一阵子，等瓶内的空气基本完全逸出之后才能够进行实验。但是，我们用肉眼是无法看出其中还有没有空气的，这就需要用到肥皂水了，在这个管口涂抹一些肥皂水，如果吹出的肥皂泡在脱离管口后立即上升，就证明瓶中已经几乎没有空气存在了。不过为了完全的安全，我们还是要用毛巾将瓶子包裹住。”

说完这些，保罗叔便将一张纸点燃，然后靠近管口，氢燃烧了起来，却并没有爆炸，仅仅是发出了淡黄色的暗淡火焰。

“很好，现在不爆炸的话，之后就更加不可能爆炸了。瓶子中已经完全没有空气了，从瓶口逸出的都是纯氢，所以我们也就不需要毛巾包裹住瓶子了。现在为了看清瓶内发生的作用，我们现在就取下毛巾吧。

“管口的淡黄色火焰就是氢的燃烧发出来的，这火焰光芒暗淡，但是温度却很高，你们可以试一试看。”

孩子们将手指放到火焰附近，但马上就缩回了。

爱弥儿叫道：“厉害了！这火焰这么暗，没想到这么烫！”

“氢是一种很好的燃料，在铁匠那里的时候我们就知道了这一点。”

“是说在烧熔炉的煤炭上洒水之后铁就从赤热变成了白热吗？”

“对，水被煤炭分解之后产生了氢，它的燃烧产生的热量很多，于是铁就变成了白热。”

“那也就是说，现在的这种火焰能够将铁丝烧红？”

“能烧红，并且能烧到白热。不信的话我给你们演示一下。现在我将这铁丝的一端放入火焰中，看，没过多久就发出了刺眼的强光，这证明它已经开始燃烧了。正是因为这种原因，铁匠才能用洒水的办法将铁烧成白热。

“当然，氢还有很多性质，比如它的火焰会唱歌。这虽然不是什么重要的性质，但是却很有趣。好，现在你们等我将乐器准备好，然后就可以开始演奏了。要准备的乐器是手杖长度和手杖粗细的玻璃管，粗短一些也没问题，这只会影响到发出的音调，粗短的管子发出的音调比较低，细长的管子发出的音调比较高。当然，没有符合规格的玻璃管也没什么问题，用保险灯的灯罩也可以，或者用厚纸卷成管子也行，总之要求是有粗有细，有高有低。现在我已经准备了一些管子，不过其中只有一根玻璃管。”

说完这些，保罗叔便开始了实验。他将玻璃管立在地上后就听到了里边发出了一种类似风琴的声音，管子上下移动，火焰进出管口，音调也变得忽高忽低，有时震颤有时和谐，有的时候像是高歌，有的时候又像是祷告。保罗叔又将长短粗细不同、材质为金属或是纸等不同材料的管子一一做了试验，试出了全部的音阶。

孩子们叫道：“这种声音有些刺耳，不过的确是奇怪的乐曲如果巴儿狗在这里，它肯定会为之疯狂的。现在我们把它找来看看。”

孩子们找到了巴儿狗，这只狗认为是有吃的了，所以跟着孩子们跑到了屋子里。然而在它听到这种奇怪音乐的时候，表现出了足够的惊讶，并且高声狂吠，爱弥儿和喻儿都笑了起来，就连保罗叔都无法再做到保持威严了：“赶紧把它弄出去，不然我们的功课就讲不下去了！”

巴儿狗出去了，保罗叔继续说道：“这个实验的目的其实并不仅仅是用来让你们乐一乐的，其中还有一个我在之后将会提到的真正意义。现在我会回答一个你们一定会问，并且马上要问的问题：为什么氢会唱歌？其实，氢离开管子到达外边的时候就会和周围的空气接触，于是免不了会产生爆炸。这些爆炸产生的震动波会使玻璃管中的空气柱产生震动，于是便产生了声音。当然，我们现在的目的并不是讨论这个，我们现在要来看看氢燃烧之后生成了什么。这一次不要听声音，注意观察玻璃管壁上的变化。”

说完，保罗叔便再次拿起了玻璃管，用一根棍子卷上吸水纸，将内部擦干，之后再次将玻璃管套在了氢的火焰上。不久，在玻璃管内壁的表面上出现了一层雾，刚开始很淡，后来越来越浓，最后变成了一些无色液体，顺着内壁留下。这种液体显然就是氢和氧燃烧后的化合物。

“如果只看外表，很多人都会认为它是水。不过，我们还是要在判断这个东西到底是什么之前尝一尝它的味道。只是这个管子太细了，这么点液体甚至不够润湿我们的手指。所以我们需要再想办法改变现状，比如用广口瓶代替玻璃管。”

保罗叔按照上边的处理方法将瓶子处理好之后将它套在了火焰上，雾气也渐渐产生，最后凝结成液体沿着瓶壁流下。“多等一段时间的话，这些液体就会越积越多，流到瓶口，我们就可以用手指蘸一点尝味道了。”

燃烧了一阵子后，保罗叔将瓶子摇晃了几下，之后真的有几滴液体流到了瓶口，汇集了起来。孩子们得到了保罗叔的指示，于是便伸手去蘸上一点来尝味道。

喻儿道：“这种液体没有味道，没有臭味，也没有颜色，我现在怀疑它是水了。”

“你根本不用怀疑，这就是水。让你们听氢的火焰唱歌的目的也就在此。氢燃烧过后便是水，水是氢和氧化合后的产物。人们一般将水视作火的敌人，但是水确实用最好的燃料氢和助燃剂氧化合而成的，其中氢占三分之二，氧占三分之一，这也就是我用两小瓶氢和一小瓶氧混合后点燃能够发出最大响声的原因。这种混合气体爆炸时会产生少量水，这些水迅速沸腾，蒸发后形成水蒸气，猛烈地冲出瓶子，于是便出现了巨响。如果单单听到这种响声，可能你们会认为产生了很多水，然而却并非如此，只不过是一小滴罢了，这一点计算一下便知。

“如果要生成一升水，那么就需要1240升的氢以及620升的氧才行，总共需要1860升。所以，这个只有0.25升的小容器中产生的水是微乎其微的。根据这些你们就可以知道，氢和氧在结合时举行的婚礼的确十分隆重。

“谈过了这些，我们再来说说硫酸和锌的反应制得氢的事情。我们已经知道硫酸是硫的氧化物的水溶液，那么其中就含有硫、氧、氢三种元素。这三种元素中氧和硫容易和锌发生反应，所以会和锌反应生成硫酸锌；与此同时，氢失去了氧和硫，于是就自己结合在了一起，成了纯氢。那种新的化合物硫酸锌是一种盐类，从名字上来看就能看出，这种盐易溶于水，所以在反应后的溶液中看不到硫酸锌。

“现在我们来看一看刚才制氢的瓶子。现在氢气的生成已经停止，锌已经成为硫酸锌，剩下的就只有一些黑色的、不会反应的杂质了。如果将这个瓶子静置一段时间，水中就会析出有强烈滋味的白色晶体沉淀，也就是硫酸锌。”

# 第20章

# 粉 笔

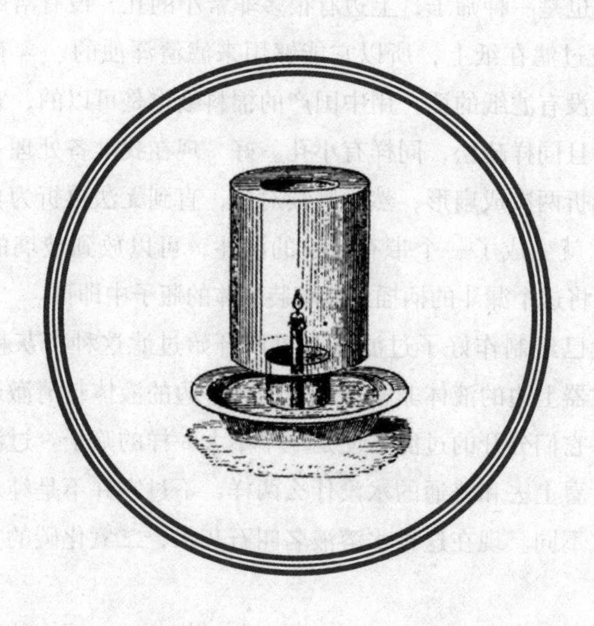

“孩子们，我们今天不能听到那种枪炮声了，也看不到那种猛烈的火焰了，不过这并不代表今天的功课不重要。我有一个问题：煤或木炭的燃烧产物是什么？我们看到在氧气中燃烧的煤和木炭发出了刺眼的强光，所以我们应该不会忘记当时的现象。其实，这种反应中产生了一种名叫二氧化碳的气体，也就是我们之前所说的碳酸酐。这种酸酐有酸酐最基本的性质，能够溶于水生成碳酸，并且能够使石蕊试纸变红。虽然二氧化碳已经被人们熟知，但是大部分的人都是只知道它的名字而不知道它的性质。所以，现在我们要详细研究一下它，告诉你们如何认识它，如何得到它。

“我现在拿了一块石灰，向上边洒一些水后它就会碎裂变成粉末，之后再加水，并将它搅成糊状。我之前曾提到过，石灰是微溶于水的，我现在需要得到的是纯净的、不含有杂质的石灰溶液。再分开粗细不同的两种固体的时候可以用筛子，粗的会留在筛子上边，细的则漏到了筛子下。滤纸也是一种筛子，上边有很多非常小的孔，没有溶解的颗粒状物质都会被过滤在纸上，所以它能够用来滤清浑浊的、含有杂质的溶液。当然，没有滤纸的话，用中国产的棉料纸也是可以的，它遇到水不会破裂，并且同样疏松，同样有小孔。好，现在我准备处理一下滤纸。先把这张纸折两次成扇形，然后继续对折，直到无法再折为止，之后将它展开后它就变成了一个带有皱纹的漏斗，可以放到玻璃的漏斗里贴紧。最后，将这个漏斗的柄插到能够装液体的瓶子中即可。

现在我已经制作好了过滤器，可以开始过滤这种石灰糊了。看到没，在过滤器上边的液体非常浑浊，但是下边的液体却清澈透明，可见这种能够将它们分开的过滤器便是一个不太一样的筛子。过滤后的液体非常清澈，看上去和普通的水没什么两样，不过它并不是纯水，因为它的味道和水不同。现在这种水溶液名叫石灰水，二氧化碳的实验便要用它来完成。

“现在我们烧一点木炭，用来制一些二氧化碳。现在这两个相同大小的瓶子中充满了空气，其中一个中放一段点燃的木炭，当它自行熄灭后二氧化碳就算是制成了。这种气体同样是无色的，但是石灰水可以证明它的确存在。你们注意观察，我现在用汤匙将一些石灰水放入这个燃烧过木炭的瓶子，并且震荡，这些石灰水马上变得浑浊了。那么它的浑浊到底是不是因为二氧化碳呢？我们现在还无法下定论，于是我们现在再将石灰水放入另一个含有空气的瓶子中并震荡，然后观察现象。看，石灰水并没有变色，所以我们得出结论：是二氧化碳将石灰水变得浑浊，而不是氮和氧。好，现在我再说一条，你们需要牢记：只有二氧化碳气体能使石灰水变浑浊，其他都不能。

“那么我们得知，石灰水可以用来判断某气体是否含有或者是否是二氧化碳。比如我们想要知道瓶中的某种气体含不含或者说是不是二氧化碳，就可以用石灰水来检测，如果放入石灰水并震荡后石灰水变浑浊，那就说明气体中含有二氧化碳或者气体就是二氧化碳。在某些情况下我们并不能注意到木炭的燃烧，但是有了这种办法就能解决这样的事情了。这种性质在之后还有用，所以我们一定要记住：二氧化碳能够将石灰水变浑浊，同样的，能将石灰水变浑浊的气体只有二氧化碳。

“现在我将这些浑浊液体放到玻璃杯中，并置于阳光下。现在对着光看杯子中的情况，就会发现水中漂浮、旋转着一些非常细小的白色颗粒。现在将这些浑浊液体静止，颗粒就会下沉，溶液就会变得和清水一样了。那么，当我将上边的溶液倒掉，下边剩下的白色沉淀是什么？如果单看外表，你们可能认为是面粉、淀粉或是白垩粉，但是，从成分来说它和粉笔是同种物质，都是白垩粉。

“但是粉笔的原料并非这个，如果想要制造粉笔就需要烧木炭并且溶解石灰，那个过程实在太繁杂，并且费用也不菲，制作粉笔用的白垩都是天然的，只需要稍加加工去除杂质便能用模型制成条状来使用了。我们现在看到的这种物质是人造白垩，是二氧化碳接触石灰水后反应生成的盐类。这种盐类名叫碳酸钙，俗称碳酸石灰。

“这种物质虽然是碳酸和石灰反应产生的，但是它在自然界的状态却并不完全相同，有软有硬，有粗有细。它生成的易碎物质就是白垩，不易碎的粗糙石头就是石灰石、建筑以及铺路用石，不易碎的细腻些的石头就是大理石。它们名称不同，外观和作用都不同，但是它们本质上是同一种物质，都是二氧化碳和石灰的反应产物。它们外观虽然不同，但是化学上是不会管它们的外形的，只是关注它们内部的构造以及组成成分，所以在化学上，上边提到的这些石头都是碳酸钙。于是，必要的时候我们可以从石灰石、白垩、大理石等中制取二氧化碳，这种二氧化碳和燃烧木炭生成的二氧化碳也是一样的。

“所以，按照我们上边所说，想要得到二氧化碳并不是只有燃烧木炭这一条途径，用一些石头同样可以达到我们要的效果，所以在一些没有知识的人看来，化学就像是魔术，能够打乱我们对一些所谓‘常识’的概念。你想找到最好的燃料？在水中；你想找到烧炭时生成的气体？在石头中。

“白垩自然是含碳的，这种黑色的物质却会存在于最白的物质当中。我想现在，就连最可能产生疑心的爱弥儿都不会怀疑了，刚才我燃烧的物质的确是碳，生成的是碳和氧的化合物二氧化碳；之后二氧化碳遇到石灰水，形成白色的颗粒，也就是白垩，所以我们知道白垩中含有碳，不过却是燃烧过的碳，无法再燃烧了。不过相对的，含有未燃烧过的碳的物质是能够燃烧的，比如蜡，这种物质虽然是白色，但是其中却含有没有燃烧过的碳。它在被点燃的时候会发出黑烟，这些都是碳燃烧的证明，但是，就算我们不从黑烟这个方面入手，我们还是能够证明蜡中含有碳，方法和我们上边提到的类似，只需要点燃它，然后看看燃烧后的气体能不能使石灰水变浑浊即可。好，我们现在来试验一下吧。”

说完，保罗叔便在瓶子中注满了水，然后将水倒掉。这样一来瓶子中就只有空气了。他将点燃的蜡烛串在铁丝上放入瓶中，等到它熄灭后，保罗叔问道：“现在，石灰水可以告诉我们这个瓶子中有没有二氧化碳。”

说完，他将一些石灰水倒入了瓶中，震荡了几下。

“看吧，石灰水变成了乳白色，变得浑浊了，这就证明燃烧过后的气体中含有二氧化碳，证明蜡中含有碳。

“现在我们再举一个例子：纸张中也含有碳。这一点在我们烧一张纸之后检查其灰烬就能很快知道。但是，在经过真正的实验检验之前还不能太早下结论，虽然灰烬是黑色物质，但是只看外观得到的信息都不能算是证据，所以我们需要检验一下。”

保罗叔说着便用和上边燃烧蜡烛相同的办法在瓶中燃烧了一张纸，防止灰烬落到瓶底。之后将石灰水导入瓶中并震荡，发现石灰水变成了乳白色，变得浑浊了。

“这证明气体中含有二氧化碳，这也就说明了纸里含有碳，这些都是它自己告诉我们的。

“除此之外，虽然纸和蜡烛都是白色的，但是我们却能够从这些黑色灰烬中感觉到纸里可能含有碳，就像看到蜡烛点燃时的黑烟就能感觉到其中可能含有碳一样。同样，有一种物质含有碳，但是完全看不出来，这种物质就是酒精。我们知道，和水一样无色透明的酒精有强烈的刺激性气味，并且易被点燃，和水有非常大的区别，但是这并不代表我们知道其中含有碳，因为它在燃烧的时候以及燃烧后都找不到含有碳的痕迹，没有黑烟，也没有黑色灰烬。于是，在这种情况下我们只能使用石灰水来判断了。”

保罗叔在一个用铁丝固定的小杯中倒入了一些酒精并点燃，伸入一个装有空气的瓶子中。等到酒精燃烧结束，他又将一些石灰水倒了进去，震荡之后发现石灰水变浑浊了。

“现在问题解决了，我现在可以说，虽然酒精的外观是无色透明的，但是其中一定含有黑色的不透明物质——碳。这种方法可以适用于很多情况，只要某种物质中含有碳，那么燃烧过后的气体就能使石灰水变浑浊。我对这一点已经重复了很多次，因为我需要你们明白，如果单看外观就判断一种物质是什么其实是不合理的，是靠不住的，上边的这些实验证明，虽然有些物质看起来和碳扯不上一点关系，但是它确实含有碳。我现在让你们注意一个更加有趣的事情：石头中也能产生二氧化碳。

“白垩、大理石、石灰石等中都含有二氧化碳，因为碳酸的酸性很弱，遇到强酸的时候就会让位给强酸，那么只要我们将强酸洒在这些石头上，石头中的二氧化碳就会被强酸所驱逐，强酸也会和这些石头生成新的钙盐。比如，硫酸能使碳酸盐变成硫酸盐，磷酸能使碳酸盐变成磷酸盐，在这些反应中都会放出二氧化碳，于是石头表面会产生气泡。

“这个反应的现象很好看，现在我们就用刚才我们制作出来的白色沉淀，也就是白垩拿来做这个实验吧。虽然现在这杯子中的白垩还含有一些水分，不过这都不会影响实验的最终结果和成功率。”

保罗叔将一滴硫酸滴在了这些白色的物质上。瞬间，它们就像是沸腾一般产生泡沫，这些泡沫都是那些被驱逐出来的二氧化碳形成的。之后，保罗叔又取了一截粉笔，也就是真正的白垩来做实验。他用细玻璃棒蘸取了一些硫酸，滴在了粉笔上，就发现在二者接触的地方同样出现了泡沫，这些也是二氧化碳被驱逐出来所产生的。

“我曾对你们说过，这些粉末其实就是人工的白垩，这个实验完美地证明了这一点。这两种物质遇到酸后都会发生泡沫并且生成气体。如果将这些气体收集起来再做一些实验，就能够证明放出的气体也是一样的，都是二氧化碳。于是我们可知，这些白色沉淀和粉笔不管是外观还是内部结构和成分都是相同的，所以说它们是同一种物质。

“当然，石灰石也是同样的东西。不过，我们非常需要判断某种石头是不是石灰石，因为石灰石是制取实验用二氧化碳的最主要原料。刚才我们得知，强酸可以用来鉴定石灰石，并且仅需一滴。好，现在我拿着一块从水潭边捡来的石头，将一些硫酸滴在上边，发现并没有产生泡沫，这就证明这块石头中不含二氧化碳，也不是碳酸盐，那么它对我们就没有什么用处，可以丢弃掉。但是再看这一块，我将强酸滴在这一块同样硬的石头上时，在它和强酸的接触部位产生了泡沫，这就证明这块石头是含有二氧化碳的，是碳酸盐也就是石灰石，于是我们就可以留着它。一般来说，对石头不是很熟悉的人一般不能从外观来判断石头是否是石灰石，所以只能采用我刚才用的这种办法。”

爱弥儿说道：“这种方法对很简单，由于石灰石中含有二氧化碳，所以它只要遇到强酸就会产生泡沫，那么不产生泡沫的就不是石灰石，就不含二氧化碳。”

保罗叔说：“你说的没错。现在我再告诉你们一件事，化学上称石灰石为碳酸钙，但是碳酸盐并不止这一种，碳酸铜、碳酸锌、碳酸铅等都是碳酸盐，并且这些金属的碳酸盐还不止一种。不过，自然界中还是碳酸钙的数量最多，它也是任务最重的。现在我提出来就是要让你们注意一下，土壤的一大半都是碳酸钙构成的，那些蜿蜒的山脉中石灰石也是非常多的。不管是哪一种碳酸盐，不管自然界中存在的多或少，在遇到强酸后都会发生反应生成二氧化碳和另一种盐。那么，从这个特性中，我们可以学到一些新的东西。

“现在这个杯子中放了一些从炉膛中取出来的灰烬。如果我问你们这里边有什么，你们一定是回答不出来的，因为不管是味道、外观还是气味上都是没有暗示的，但是，我们却可以用酸来间接解决这个问题。现在我将酸滴在灰上，发现灰烬中产生了泡沫，那么里边就含有……唔，谁能告诉我里边含有什么？”

爱弥儿抢先说道：“含有碳酸钙。”

喻儿说道：“爱弥儿，你回答的还是太快。叔父曾说过，碳酸盐在遇到强酸的时候都会产生泡沫，那么这种现象只能证明灰烬中含有碳酸盐，而不能证明就是碳酸钙。”

“没错，灰烬中的确含有碳酸盐，但是并非碳酸钙，而是碳酸钾。钾也是一种金属，你们应该没怎么听过这种金属的名字，不过这个实验还是告诉我们在这些灰烬中含有二氧化碳。所以说，要决定物质的性质的话，化学家就会做一些这样的实验。比如说你们将一块矿石或一捧泥土或其他物质拿去让化学家检验，他们就会用一些药品试验一下，然后告诉你其中含有铁；之后再用另一种药品测试，告诉你其中含有铜；之后又用第三种药品测试，告诉你其中含有硫。于是，这样一点一点测试下去，化学家就会将这种物质的成分告诉你了。但是，这些成分是肉眼看不到的，就算是在做实验的时候，平常的人也可能会看不出来，化学家们之所以知道这些物质中含有铁、铜、硫，也是从一些反应的现象得出来的结论，所以，只需要观察反应的过程，便可不用肉眼观察来得出物质的成分。好，现在我们来制作一些二氧化碳。”

保罗叔准备了一些打碎成小块的石灰石，之后将一些石灰石放入瓶中后又加水将酸稀释了一些，防止气体生成过快，因为气体生成太快的话想要控制就非常困难了。

“这次我们用的酸并不是硫酸，因为硫酸和石灰石反应会生成不溶于水的硫酸钙，这些不溶于水的物质会覆盖住石灰石，使反应减缓或终止，所以我们必须保持石灰石能够一直接触到酸，也就是需要让这种生成物在生成之后迅速离开石灰石，这就需要它能够溶于水。于是，我们这次使用盐酸来代替硫酸。”

爱弥儿问道：“什么酸？”

“盐酸。”

喻儿说道：“盐酸？叔父之前不是说过，酸的名称是形成某酸的非金属后再加上一个‘酸’字吗？那么这盐并不是非金属的名字，这是为什么？”

“这个问题一共有两个原因，其一，盐酸是用食盐制成的，就和用硝石制成的硝酸一样，所以叫盐酸；其二，我们之前提到的酸，不管是硫酸、碳酸、磷酸还是氯酸，这些都是含氧酸，而盐酸却是无氧酸，是由氯和氢两种元素化合成的，学名应该是氢氯酸，不过由于大家都已经习惯了盐酸这个叫法，所以也就这样延续下来了。我希望你们不要忘记氯这种元素，它是食盐、氯酸钾以及氯酸的组成成分，氢的话我就不多提了，上一节中我们曾经研究过它。

“盐酸，也就是氢氯酸，是一种黄色的强酸味液体，如果放置在空气中就会挥发出非常臭并且有刺激性气味的白烟。我将少量盐酸放入装有水和石灰石的杯子中后就会发现石子周围产生了大量泡沫，二氧化碳被盐酸驱逐了出来。关于这个化学作用，我将在下一节课上给你们做一些详细的说明。”

# 第21章

# 二氧化碳

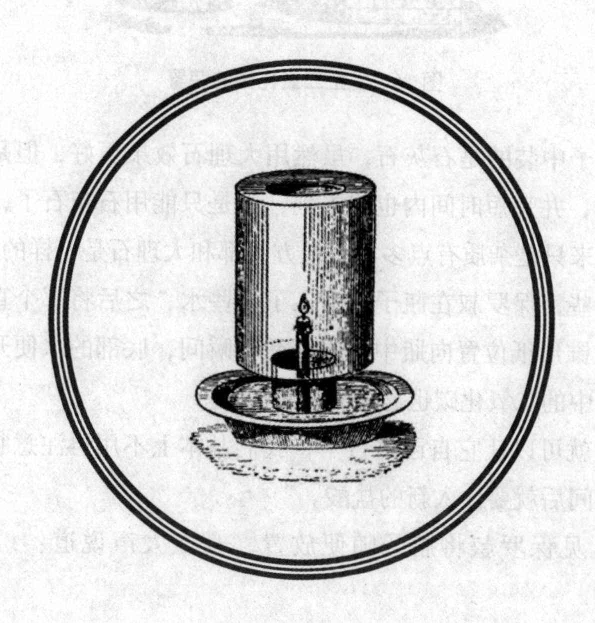

“昨天我们意识到了石灰石中含有大量二氧化碳，并且还知道了使用比碳酸强的酸就能够将这些二氧化碳释放出来，尤其是盐酸，因为盐酸可以保持石灰石表面的清洁，让这种反应能够一直持续下去。现在，我们今天的计划就是从石灰石中提取二氧化碳。这个实验中用到的装置和制氢时的装置基本是一致的：一个有两个孔的软木塞、大广口瓶、曲玻璃管以及漏斗。先将石灰石放入广口瓶中，然后将漏斗安装在木塞的孔上，如果没有漏斗可以用直玻璃管加锥形纸替代也可以，做好这些后用软木塞塞紧广口瓶，就得到了我们这个实验用到的工具（图16）。

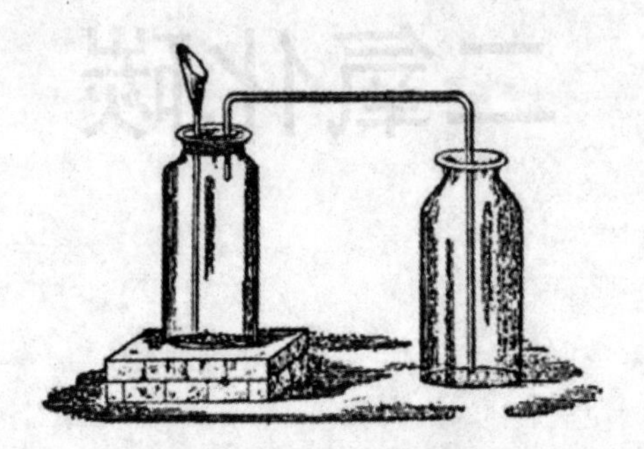

图 16　发生二氧化碳的装置

这个瓶子中装的是石灰石，虽然用大理石效果更好，但是我手头上没有大理石，并且短时间内也找不到，于是只能用石灰石了，不过还好石灰石用起来只是杂质有点多，其他方面都和大理石是一样的。”

说完这些，保罗叔在瓶子里注入了一些水，之后将那个直玻璃管插入水中，从锥形纸位置向瓶中注入盐酸。瞬间，底部的水便开始骚动起来，石灰石中的二氧化碳也已经开始释放了。

“现在就可以让它自己进行了，我们基本上不用再注意它了，只是在隔一段时间后就要注入新的盐酸。”

爱弥儿见保罗叔将瓶子随便放置，马上大声说道：“快拿一盆水来！”

保罗叔道：“不用这样做，其实这个实验不需要用到水盆就能够得到二氧化碳。”

“这样一来，气体不会流走吗？”

“流走一些也没什么大不了的，毕竟想要制出它实在太容易了，用到的石灰石也很廉价。当然，这些并非我不去防止气体流走的其中两个理由，还有一个最重要的理由就是我需要让二氧化碳赶走瓶中原有的空气。

“到目前为止瓶子中的空气差不多已经没有了，剩下的已经全部或者大部分是二氧化碳了，现在我就可以将这个曲玻璃管的另一端放在另一个广口瓶中，一直插到瓶底，过不了多久，这个瓶子中就会充满二氧化碳了。”

喻儿道：“这个瓶子没有木塞啊，二氧化碳气体会跑出去的，并且也会有空气进入。”

保罗叔回答道：“我们无需担心这一点，因为二氧化碳比空气重一些，所以二氧化碳在这种情况下都是会沉在瓶子底部的，并且会将瓶子中原有的空气排挤出去。这就好比向装满油的瓶子中灌水一样，最终整个瓶子都会装满水，水会将油全部排到杯子外边。”

爱弥儿说道：“我明白了，不过我还是有一个问题。油和水的颜色是不同的色，我们可以很容易分辨，但是二氧化碳和空气都是无色的，我们怎么才能知道这个瓶子中已经充满了二氧化碳而没有空气的残留呢？”

“虽然我们看不到，但是我们可以借助火焰来进行测定。二氧化碳不支持燃烧，所以一丁点微弱的火焰都无法在二氧化碳中存留，于是，只要我点一张纸放在瓶口，如果发现纸没有什么变化，就表明瓶口还有空气，二氧化碳还没满；但如果纸熄灭了，就表明二氧化碳已经充满了整个瓶子。现在我就来实际操作一下。看，纸片熄灭了，这就证明二氧化碳已经满了，我们已经能用这一满瓶二氧化碳做实验了。在现在看来，这个产生二氧化碳的装置已经无用了，可以放在一边，需要用到的时候只需要再放一些盐酸即可再次使用。

“好，现在这个瓶子中充满了从石灰中分离出来的二氧化碳，这是一种无色无味的气体，因为化合作用而被禁锢在各种各样的石头中，比如石灰石中，其实，甚至没有胡桃大的一块石头甚至能够制得好几升二氧化碳。

“刚才我们提到了从石头中制取二氧化碳，现在我们就来谈一谈如何再将它们弄回石头中，这个办法就是在二氧化碳中放入石灰水并震荡，这样一来石灰水就变得浑浊了，等到杂质沉淀下来之后，那些白色物质就会在瓶底堆积很厚的一层。这些白色物质就是二氧化碳和石灰水发生反应的产物碳酸石灰，也就是白垩。于是，我们在这个过程结束后发现，石灰石中含有木炭燃烧后产生的二氧化碳。

“刚才的二氧化碳已经被禁锢在了这些白色的沉淀中，当这些沉淀压缩后就又会变成石头。现在我又用这个装置收集了一瓶二氧化碳，那么我问你们，点燃的蜡烛放到这个瓶中会怎样？”

“会熄灭。”爱弥儿回答道，“和纸片一样。”

喻儿也说道：“物质无法在没有氧或空气的环境下燃烧。”

孩子们说的没错，蜡烛的火焰到了瓶口就熄灭掉了，并且熄灭得非常迅速，火星都没有了，比氮气灭火效率还要高。

保罗叔说：“虽然我们没有做残忍的实验，但是我们却能够察觉到这种气体无法维持生命。动物在二氧化碳中就会窒息而死，就像麻雀在氮气中一样。好，现在我们来证明二氧化碳比空气重。我们在收集二氧化碳的时候无需用到水盆，这已经证明了二氧化碳比空气重这个事实，但是我们现在还需要一个更加明显的证据。

“现在这里有两个同样的瓶子，右边的瓶中放着二氧化碳，左边的瓶中放着空气，现在将烛火放入左边瓶子，烛火不灭，放入右边瓶子，烛火瞬间熄灭。现在我将右边的瓶子倒扣在左边的瓶子上，过一段时间。虽然我们无法看到气体的流动，但是它们的确由于重量不同而在进行着移动。过一阵子之后我们将瓶子分开，现在再将烛火放入右边瓶子，发现烛火不会熄灭了，但是放到左边瓶子中时烛火却忽然熄灭，这就证明这两个瓶子中的气体对调了，较重的二氧化碳转移到了下边的瓶子中。

“我要告诉你们的是，火山附近经常会有二氧化碳逸出，这里的二氧化碳有的时候会在地面上形成看不见的二氧化碳泉水，就像水泉一样。世界上最著名的二氧化碳泉是那不勒斯附近的朴查利，称为狗窟，在这里养了一条用来供好奇的游客娱乐的狗。这个地方位于山岩中，里边的空气非常浑浊，潮湿且温暖，还有气泡不断从泥土中冒出。

“这里有一个管理者，为了得到游客的金钱，他经常让狗展示非常危险的表演。他将狗绑住，然后放到洞窟中，自己也站在那里。用肉眼来看的话是看不出这个洞窟有什么危险可言的，并且这个人也像没有任何事情似的站在那里，但是狗却并不这样，它不断呻吟，四肢抽搐，眼神昏暗，脑袋无精打采地垂着，看起来就像是快要死亡一般。当看到狗变成这个状态，这个管理者就会马上把狗抱走，让它呼吸新鲜空气。之后狗才会缓缓恢复，急促喘着气，在自己能站起来后就飞快地逃开了，就像是非常害怕这个地方一般。

“这是狗的表演吗？事实并非如此，它是真的面临着死亡。它甚至知道自己遭受不幸的原因，所以它在见到陌生的游客时每次都会狂吠威吓他们。每次在展示这个非常危险的表演时狗的主人都必须用强迫的手段才能将狗拖到狗窟中去，这只狗也会露出一副非常冤屈的神气。不过等到游人离开，这种可怕的死亡威胁过去之后，它就再次变得活泼了。

“这其中的秘密是不难理解的，因为二氧化碳比空气重，所以这里的地面上铺满了二氧化碳，形成大概半米厚的二氧化碳层。长时间待在这种气体中会使动物窒息，但是人站在狗窟中时这些二氧化碳仅仅到膝盖处，所以并不会有什么危险，但是被绑住躺在地下的狗却不行了，它会完全淹没在能够让动物窒息的气体中。狗的主人呼吸着空气，所以不会觉得多难受，但是狗却如此接近死亡。如果让这个主人也一同躺在地上，他也会有和狗一样的感受。

“这种二氧化碳气体一直在产生，也一直在从洞窟口逸出，它们形成了一股看不见的微弱气流。人在其中走的时候是感觉不出来的，但是我们可以借助烛火来感知这种气流。当烛火位于这种气流之外时，它仍然会燃烧着，但是当它位于气流内时，它便会马上熄灭，就像是沉在了水中一样。使用这个方法我们就能够得知，这气流在离开洞窟之后过不了一会儿就会被空气冲散。”

喻儿听了保罗叔讲的这个故事后说道："如果这个洞窟离我们很近，我还真的想去看一看，不过我可不忍心让那只狗受到这样的死亡威胁，我只会用烛火来实验，看看它会不会在靠近地面的地方熄灭掉。"

保罗叔说："既然是这样的话，那我们大可不必去狗窟了，因为这样的实验在家里也能做：我们可以用广口瓶来代替狗窟，用制造二氧化碳的装置来代替地底的二氧化碳层。我现在已经在二氧化碳的制取装置中加入了一些盐酸，并且将曲玻璃管插入到了代替狗窟的广口瓶中。现在，二氧化碳来到这个广口瓶中后就会因自身重量而沉积在瓶底，将同等的空气挤出去，形成二氧化碳层。我们用肉眼的话是看不出瓶中到底有多厚的二氧化碳的，但是从发生装置的活跃性来推测，可以知道大概多长时间二氧化碳才会充满瓶子的一半。等到差不多一半的时候，就可以扯掉曲玻璃管了。"

保罗叔算了算时间，感觉差不多之后便将曲玻璃管撤走，将广口瓶拿了过来。

"你们注意观察，现在瓶子中有两种气体，可以用来当人造的狗窟了。我们无法用肉眼发现同为无色透明的气体界限，但是这个界限是真实存在的。"保罗叔说着便将一根蜡烛头点燃，伸入了瓶中。一开始他还是燃烧着，但是到了某处之后火势却开始减小，过了这一处位置之后，火焰瞬间熄灭。

"这就是喻儿想看的实验，也就是狗窟中的真实情况。当烛火渐渐下沉，到达一个位置以下时就会熄灭掉。那么现在想象一下在这样的环境中有两只高矮不一的动物，较矮的动物被底部的气体包围，而较高的动物可以呼吸上层气体，那么较矮的动物短时间内就会马上丧命，而较高的动物却没有什么不好的状况发生，因为较矮的动物吸入的是无法维持呼吸的二氧化碳，而较高的动物则仍能呼吸到空气。人和狗在狗窟中的情况就是这样。"

# 第22章

# 水溶液

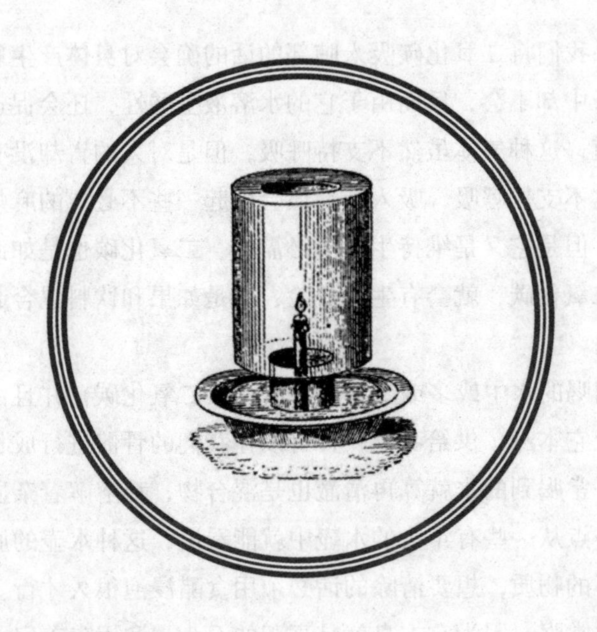

“孩子们，如果我们认为化学就是一连串空暇时间的娱乐实验那就大错特错了，虽然看纯氧中镁的燃烧或是点燃氢气泡让它爆炸的确非常有意思，但是这并非化学的全部目的。化学是非常严肃的学科，我们周围的整个世界都和化学有密不可分的联系。今天我就要告诉你们，我们经常见到的汽水和啤酒为什么会冒泡。

“在打开汽水瓶时，或是将汽水倒入杯子中时，我们总会注意到它产生了大量的泡沫。这些泡沫正是汽水中的二氧化碳，啤酒的道理和汽水也是一样的。”

喻儿问：“我们喝到的汽水和啤酒都有一种并不恶劣的辛辣味道，这些味道是不是二氧化碳造成的？”

“没错，虽然碳酸的酸性很弱，但是说白了它还是一种酸，还是有酸的味道，只不过淡一些罢了。”

“我们每次喝汽水的时候都会喝下很多二氧化碳，这不会对身体产生危害吗？”

“如果我们将二氧化碳吸入肺部的话的确会对身体产生影响，但是被吃到肚子中却不会，反而由于它的水溶液呈酸性，还会促进我们的消化。要知道，这种气体虽然不支持呼吸，但是对人的胃却没有危害，就好像水，它不支持呼吸，吸入肺部还会引起一些不必要的麻烦，甚至会危及生命，但是它又是维持生命所必需的。二氧化碳也是如此，如果呼吸了大量二氧化碳，就会有生命危险，但是如果和饮料混合起来的话就能促进消化。

“我们喝的水中或多或少都会溶解一些二氧化碳，并且由于它的化学作用以及它本身，供给我们一种可以让我们的骨骼进行成长发育的物质。我们平常喝到的水就算再清澈也是混合物，都溶解着杂质，并不是纯水，这一点从一些有年头的水壶中就能看出，这种水壶的底部都会有一层非常厚的物质，想要清除的话必须用食醋浸泡很久才行。这种物质的附着力非常强，因为它本身就是真正的石头，和用来盖房子的那种是一样的成分，也就是石灰石。于是从这个事例中我们就能看出，其实再清洁的水中都会有杂质，这就像我们看不到那些有甜味的水中的糖分一样。”

爱弥儿说道：“那么，我们在喝水的同时就会吞下石头？这我可从没想到过。”

“孩子们，你们要庆幸我们每天都在吞下石头，因为我们的身体在发育的时候需要很多石灰石，它们是我们骨骼的原料。想象一下，如果建筑没有了梁柱会怎么样？骨骼就是我们身体的梁柱。我们身体需要的石灰石并不是我们自己生产出来的，我们必须从食物中获得它们，水就是我们获得石灰石的主要途径，如果水中不含有这种物质，我们身体的发育就会受到影响，我们也就会像没有梁柱的建筑一样倒塌了。

“石灰石到底是如何溶解在水中的呢？这一点我们可以通过一个非常简单的实验来证明。现在这个瓶中装有一些透明的石灰水溶液，我们将源源不断输出二氧化碳的曲玻璃管放到平地，就会发现石灰水变得浑浊了，这个实验我们已经看过很多次了，其中的道理我们也已经非常熟悉。不过，如果我们持续不断地通入二氧化碳，那么当溶液中所有的石灰都和二氧化碳反应后，这些石灰石就会有一部分溶解在水中，所以我们会看到这杯溶液逐渐又变回了透明的样子。

“你们看，浑浊的溶液已经变成了透明，白色物质已经消失。根据这个我们就可以断定，现在的这种溶液中一定会含有碳酸石灰，它溶解在水中，不会被我们的肉眼看到[1]。好，现在我们来总结一下：含有二氧化碳的水中能够溶解少量石灰石。

“除了这一点，我还有一点要说，当这种溶液放置久了，里边的二氧化碳就会慢慢逸出，溶解的石灰石在失去了一部分二氧化碳后就会再次变成白色沉淀。我们可以用一些方法让这个过程来得更快，比如将液体加热。这个过程中液体中的二氧化碳会被驱逐，于是就出现了白色沉淀。我们通过这个实验可以知道两个事实，第一，含有二氧化碳的水能够溶解少量石灰石；第二，当长时间静置或加热溶解有石灰石的二氧化碳溶液时其中的二氧化碳就会溢出，导致石灰石再次沉淀。

[1] 其实这种物质是碳酸和碳酸钙化合形成的酸式碳酸钙，这种物质可溶于水。

“泥土中到处都含有二氧化碳，并且空气中也含有二氧化碳，因为工厂中需要烧大量的煤，厨房中需要烧大量木柴，这两种行为都会产生二氧化碳。由于地下水以及雨水会穿过含有二氧化碳的土壤和空气，所以这些水就会吸收一些二氧化碳气体，然后当这些水接触石灰石的时候就会将一部分石灰石溶解，这就是水中含有碳酸石灰的原因所在。但是，我刚才也提到过，如果这些水暴露在空气中一段时间或者被加热，其中的二氧化碳就会逸出，于是碳酸石灰也会变成沉淀，附着在水中的物体上。这就是盛水器皿壁上那些‘水凝’和‘锅垢’的来源。

“饮用水中必须含有一些石灰石，我之前也讲过了，我们的骨骼发育就需要它。当然，其中的石灰石太多的话我们也是不好消化的，所以也不能过多，最好的含量是0.1–0.2克每升，如果天然水中的石灰石比例超过了这个数字，这种水就可以称之为‘硬水’，是不适合直接饮用的。

“当那些含有大量石灰石的泉水中进入其他物质，这些物质上过不了多久就会被石灰石覆盖包裹，这就是石灰矿泉。克勒芒斐龙的圣阿列勒的石灰矿泉非常出名，这里的泉水流淌在草丛中，如果将花、果或是树叶等放入其中，就能在这些物品的表面长出一层石头，就像是大理石的雕刻品一样，非常有趣。当然，含有这么多石灰石的水是无法饮用的。”

爱弥儿说：“的确，如果我们喝了这样的水，胃里一定会沉积很多石灰石，不利于消化。”

“家里的水中含有的石灰石少很多，但是在洗涤方面有时还是会出现问题。你们应该注意过，如果水中有肥皂，那么水肯定要浑浊一些，并且呈现白色，这颜色其实并不是肥皂造成的，因为在雨水等纯水中加入肥皂后水差不多还是无色的。普通的水溶解肥皂之后变白是由于其中含有石灰石，如果用来洗涤的水中含有了太多这种矿物质，那么它去除脏污的效果就会小很多，因为这样会使肥皂的溶解程度变小，导致它无法和脏污发生作用。

“这种水既不能用于洗涤，也不能用于烹调，尤其是块状食品。想象一下，如果块状的食物上附着了一层石头，那么就算你煮它一天它也不会熟的。同理，这种水也不适于饮用，正如爱弥儿所说，如果喝了这样的水，胃中就会沉淀大量石头，妨碍消化。

“现在我还要告诉你们一个饮用水必备的性质，就是饮用水中必须有少量空气。我们每次烧开水的时候都会发现容器底部出现了气泡，这些气泡就是被驱逐出来的，溶解在水中的空气，而并非水蒸气，因为这个温度水还无法气化。这些空气对于饮用水来说是必需的，如果其中没有这些空气，我们喝过水后就会觉得这水非常不好喝，并且严重的可能会有恶心和呕吐症状。那些沸腾过并且冷却下来的水就是因为这个原因所以才没有一点味道。所以说，泉水和流动的水才是最好的饮用水，它们不停运动着，其中溶解有大量空气。但是和这些相反，静止的水却并不适合做饮用水，其中不易溶解空气，并且一般的静水中往往含有非常多的动植物腐烂后的杂质，很可能会引起一些疾病。

“我之前提到过水中溶解有少量二氧化碳，有一些泉水中含有非常多的二氧化碳，这些泉水多少都会带些酸味，并且会发出气泡。这种泉水就是发泡矿泉，有医用价值，赛尔占和维乞等矿泉都属于发泡矿泉。

“说到这里，关于水中的二氧化碳这一部分也就告一段落了，我们现在将话题转向碳和氧的化合物与呼吸的关系。注意，我在这里并没有说二氧化碳，而是说‘碳和氧的化合物’，这一点其实是有原因的，因为碳和氧的化合物并不仅仅有二氧化碳这一种，碳的燃烧可以生成两种气体。这两种情况中，一种是完全燃烧后形成的，名叫二氧化碳，也就是碳酸酐，这种气体能够阻碍呼吸，如果人们仅仅呼吸二氧化碳，几分钟之内就会窒息死亡。但是它并非有毒的气体，致人死亡也仅仅是无法提供氧罢了，和氮气会致人死亡是一个道理。汽水和啤酒中都有它，大气和饮用水中也有它，不仅如此，面包中的小孔也都是二氧化碳造成的，我们自身的呼吸中呼出的气体也含有大量二氧化碳，这些也都可以证明它并非什么有毒性的气体。

“除了这一种，另一种是不完全燃烧后形成的，名叫一氧化碳，这种气体是真正有毒的，就算呼吸了少量一氧化碳也会中毒，对身体造成危害。它的危险处在于，就算我们的屋子中产生了大量的这种气体，我们也是无法察觉到的，这种气体是无色无味的，只有在受到这种气体的伤害后才能够得知它的存在。我们经常在报纸上看到或者听朋友们说起过一些在密封的室内燃烧煤炭等物品中毒身亡的例子，这些悲剧都是因为一氧化碳而起的。即便吸入了少量一氧化碳，也会使我们感到头痛，并且感到非常不舒服，之后继续吸入的话，就会出现知觉减退、恶心、疲劳甚至昏迷等状况，然后便是死亡。

“得知了它的危害，我们就必须知道这种一氧化碳气体是在什么情况下出现的。这种气体是碳不完全燃烧产生的，所以它的产生条件就是碳被阻碍了燃烧但是没有完全熄灭。如果燃烧煤炭的时候通风不良，木炭接触不到氧充足的新鲜空气，那么就会产生大量一氧化碳气体。你们回想一下碳燃烧时的状况，火焰刚刚点燃的时候燃料都是凉的，气流也不通畅，所以在一开始的时候燃烧都非常缓慢，并且发出的火焰也是蓝色的。如果你们在之后看到煤炭发出蓝色火焰，那就证明有一氧化碳气体出现了，因为一氧化碳也会燃烧生成二氧化碳，而这种燃烧的火焰就是蓝色。

“现在你们应该明白为什么煤炭燃烧时的气体充满屋子是非常危险的事情了。如果房屋非常小，并且窗户也没打开的话，在这里使用炭盆、煤球炉或风炉等没有烟囱的就会更加危险，因为这种不通风的环境下经常会产生这种无色无味的有毒气体，让人防不胜防，甚至还没察觉到就已经中毒身亡了。人们站在煤球炉或是炭盆旁边的时候经常会感觉头痛，这就是一氧化碳带给我们的警告，我们要想确保安全，就一定要留心这种警告。”

# 第23章

# 植物和化学

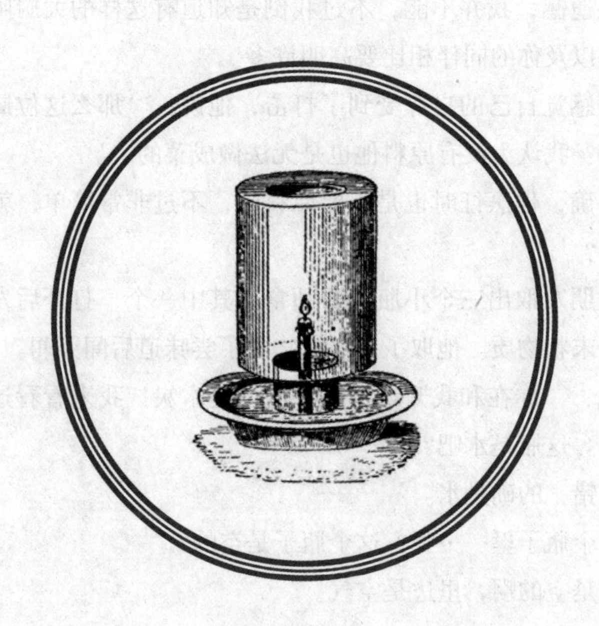

保罗叔说道："今天我要给你们讲一个故事，这个故事关系到我的一个朋友和某个著名厨师的争执。当时是一个节日，他看到厨师在厨房烹饪，锅中的汤水沸腾着，有非常香的味道从锅盖下飘出。于是我的朋友问：'你在做什么菜？'

"厨师将锅盖打开，一股让人垂涎欲滴的香味瞬间弥漫在整个屋子。厨师非常满意自己的作品，笑着答道：'是栗子鸡。'

"我的朋友衷心称赞了他，之后说道："'你的技术非常好，但是用好材料来做好菜并不算特别困难。最理想的烹饪就是不用肉类和蔬菜做出一道美味。你现在如果要做一道菜，就必须去买材料，这很麻烦不是么，如果你能够用非常容易得到的东西做成菜，那才是真的有本事。'

"厨师听了我朋友的话，愣了片刻后说道：'这不可能，不用鸡怎么做出带有鸡的菜？难道你能么？'

"'很遗憾，我并不能，不过我倒是知道有这样的大厨师存在。这种厨师和你以及你的同伴相比要高明许多。'

"厨师感觉自己的自尊受到了打击，他说：'那么这位厨师需要用什么原料呢？我认为没有原料他也是无法做成菜的。'

"'的确，他烹饪时也是需要原料的，不过非常简单，就在这里，你要看看吗？'

"我的朋友取出三个小瓶，厨师拿起其中一个，打开后发现里边装着黑色的粉末状物质。他取了一小点，尝了尝味道后闻了闻。

"他说：'你在和我开玩笑吧？这可是木炭！我来看看这些瓶子里装的是什么。这瓶是水吧？'

"'没错，的确是水。'

"'这个瓶子里……嗯？这个瓶子是空的？'

"'不是空的啊，里边是空气。'

"'空气？哈哈，这的确很不错，用它做成的东西消化起来可是非常容易。不过，难道你想吃用空气做的鸡肉？'

"'当然想吃了。'

"'你没有开玩笑?'

"'没有。'

"'这个人真的只用木炭、空气和水来做菜?'

"'当然。'

"厨师的鼻子变成了青色。

"'他能用木炭、空气和水做成一盘栗子鸡?'

"'能啊，绝对能。'

"厨师很气愤，鼻子由青变紫，由紫变红。他认为眼前的这个人是故意过来和他闹着玩的，于是将我朋友推出了门，并将他的三个瓶子扔在他身后。做完这些，厨师的鼻子颜色才回到刚开始的颜色，只不过我朋友的话却始终找不到证据。"

喻儿问："你的朋友是不是在和厨师开玩笑?"

"没有开玩笑，三个小瓶中的确是菜肴的最基本原料。我之前跟你们提到过，牛奶、面包、牛肉以及其他各种食物中都有碳。你们还记不记得当面包或是牛肉烤时间长了后会出现什么情况?"

"原来如此，你的朋友的意思是说这三种都是食物的化学成分，碳就是其中之一。不过，水和空气又怎么说?"

"水自然也是事物的组成部分。烤面包的时候如果在面包上放一块玻璃，就会发现玻璃上布满了水雾，就像是我们嘴里呼出来的水汽一样，这些水就是从面包里出来的，从这一点就可以看出，虽然面包看上去很干燥，但是其中依然含有水分，并且分量还不小，足以让你们吃一惊了。如果能将面包中的水全部提取出来的话，你们在看到它们的时候一定会惊讶，每吃下一片面包，就会同时吃下这么多的水。"

爱弥儿反驳道："可是水是喝的，并不是吃的啊。"

"我用'吃'这个字是因为面包中的水是静止的，它是固体而不是液体，是用来嚼的干燥物体而不是用来喝的潮湿物体。换句话说，它已经不再是水了，而是水、空气和碳一同结合成的东西。"

爱弥儿说："我现在已经明白水是构成食物的原材料了。但是，那瓶空气是怎么回事?也是构成食物的原料吗?"

“这一点的话我还真的没有什么方法能够证明食物中存在着空气。食物中一共存在的这三种物质，我已经说明了两种，也就是碳和水，但是空气我却无法说明了，只能请你们相信我说的话了。”

“相信是肯定相信的，但是你还要告诉我们些什么呢？”

“别着急，我自然会讲到的。你们现在已经知道面包的组成成分有水、碳以及空气，当这三种物质结合后，它们的性质就会变得和这三种物质本身不同，成为另一种新物质：黑色的物质变成了白色的物质，没有味道的物质变得美味了起来，没有营养的东西变得富有营养了。

“当给肉类加热时发生的状况也可以告诉我们这一点。加热后的肉变成了碳，并且释放出水蒸气和空气的混合物。于是其他的食物我们也不用再去一一深究，因为得到的答案大都和这次的答案相同。我们吃的喝的，或者说能够维持生命的东西都能转变成碳、水以及空气，不管是动物性食物还是植物性食物大都是这三种构成的，例外非常少。我们现在总结一下：碳为单质，其中只含有碳，水中含有氢和氧，空气中有氧和氮，这碳、氢、氧、氮四种元素就是构成动植物的最基本元素。

“我的朋友的那三个瓶子中的物质的确能够制作成种类不同的食物，因为食物的本质就是碳、水和空气中含有的元素发生反应得到的。但是，化学家们只能将食物分解成这四种元素，但是无法将这些元素变成食物。”

“你朋友不是提起过那位大厨师吗？他到底是谁？”

“他提到的大厨师就是植物，尤其是草。不管食物的种类多么丰盛，形状多么不同，味道多么天差地别，菜品的原料也不外乎这三种。从吃遍各地美食的美食家到吃泥土的牡蛎，从用树根吸收养分的松柏到年糕发霉后长出的霉菌，它们的养分都来源于这三种物质，它们也都依赖着这三种物质生活着，其中唯一的不同就是这些成分配合的方法。狼等动物是从牛羊等动物的肉中得到碳，牛羊则是从草中得到碳，而草则更加不同，它是一切食物的来源，是最伟大的厨师。

“人和狼一样，都能从动物的组织中找到这三种物质组成的食物，牛羊自然也能从植物中找到，但是并没有从动物组织中找到的那样美味。那么，既然整个食物链中植物是被吃掉的那一方，那么它的碳、水和空气是从哪里得到的？

“作为植物，草是无法吃食物的，但是却能吸收自然中的碳、水和空气。植物体内能够产生特殊的反应，能够将这三种物质组合成牛羊等草食动物的食物，并且将碳、氢、氧、氮这四种元素供给牛羊等草食动物。这些动物得到它们后再次进行加工，转变为自身的组织，然后人或者肉食动物吃掉了牛羊，这些就又变成了人或其他肉食动物的组织。”

喻儿道：“我懂了，人的肉是用牛羊肉等食品造出来的，牛羊的肉是用植物造出来的，植物本身是自己利用碳、水、空气造出来的，也就是说，我们吃到的东西从本质上来讲全都是由植物制造出来的。”

“一点不错，并且只有植物才能担任这种工作。不管是人也好，肉食动物也好还是草食动物也好，都是从其他动植物上寻找到构成自己身体的材料，只有植物是利用了天然的碳、水以及空气，将它们用复杂的化学变化制作成营养丰富的物质。这么推算下来，地球上的人类吃的粮食归根结底都是从植物这里来的，如果植物没有了这种功能，一切动物都会因无法摄取必需的碳、氢、氧、氮等元素而饿死。”

爱弥儿说道：“我也明白了，叔父之所以说植物是最伟大的厨师，是因为它能将瓶子中的三种物质变成营养丰富的东西。”

“没错。并且，植物摄取这些物质的方式并不是吃，而是通过它的呼吸作用。所以，植物摄取的并非是天然的碳，而是二氧化碳气体，它就是植物的主要‘食物’了。”

“你曾说过我们在二氧化碳含量高的地方会窒息而死，植物居然是依靠它生存的？”

“是的，植物就是这样。虽然我们无法在二氧化碳中呼吸，但是植物却能利用它们来制造我们需要的食物。人类的呼吸、含碳物质的燃烧、腐败和发酵都会产生二氧化碳，这些二氧化碳都进入到了大气中。如果没有植物将这些二氧化碳气体收集起来，那么几个世纪后地球将无法生存。我们现在就来看一下二氧化碳的总生成量。

“24小时，也就是一天内，每个人会呼出约450升二氧化碳，大概有

880克重。这么多的二氧化碳相当于240克碳以及450升（大概640克）的氧。现在人类的总数大概是20亿，那么按照这个数字来算人类每年呼吸排出的二氧化碳就约有3285亿立方米，其中含有1752亿千克的碳。这么多的碳几乎能够堆成一座高山了，这就是维持人类体温所需要的燃料的重量。但是，人类每年摄入的碳要比这个数字多得多，之后将它们变成二氧化碳呼出来。这样看来，从世界诞生之日起，人类呼吸产生的碳已经可以堆成无数座高山了。

“这还仅仅是人类，我并没有算到其他的动物。这些动物的数量比人要多得多，呼出的二氧化碳数量更加惊人，它们每年呼出的二氧化碳中的碳也许可以堆积成勃朗峰那样的大山。从上边这些例子我们就可以看出世界上二氧化碳的排放量有多惊人了，这些气体如果聚集在空气中，将是非常危险的。

“当然，这些还并非全部。我在之前提到过，发酵的物质比如酿酒用的葡萄汁以及做面包用的面，腐败的物质比如垃圾堆中的垃圾以及田地中的肥料等都会产生大量二氧化碳，哪怕是一亩地中的肥料，每天也能产生100立方米以上的二氧化碳。

我们取暖以及工业用的煤炭等燃料也都在产生着二氧化碳。要知道，大工厂每天都要使用几卡车的煤，那么这些煤燃烧产生的二氧化碳到底有多少？火山的喷发也会喷出大量二氧化碳，这可比工厂中的烟囱要强多了，那么可想而知这些二氧化碳到底有多大量。

“但是，虽然地面上会出现如此多的二氧化碳，生物依然没有窒息而死，因为大气无时无刻不在自己调节着这一切：在二氧化碳进入大气中的时候就会被关押起来，这种工作正是植物们做的。植物会将二氧化碳吸收，让人们不至于因二氧化碳过多而窒息，又能够将二氧化碳转化成我们的食物。虽然腐败的物质会提供一些二氧化碳，但是植物们仍然以这些二氧化碳为‘食物’。植物们就是需要这种腐败后的物质，它可以将这些被分解掉的东西重新整合。

“我们呼吸的空气中并非完全不含二氧化碳，只是含量非常小，不会使我们呼吸困难。看，这个盆子中是我们昨天倒出来的清澈石灰水，现在它的表面已经覆盖上了一层非常易破损的透明薄膜，就像是冰一样。这种东西就是石灰水和空气中的二氧化碳反应后的产物碳酸石灰，不过这种情况下出现的碳酸石灰并不是白色粉末了，而是透明的晶体。”

喻儿说：“我曾经注意过，泥水匠在调三合土的时候，石灰水的表面就会出现这种薄膜。之前我认为这是冰，但是它在阳光下并不熔化，所以我才断定它不是冰。”

“你看到的物质正是碳酸石灰，和这盆中的白色薄膜一样，都是空气中的二氧化碳和水中的石灰反应而成，不过既然你提到了三合土，我们就来谈谈这三合土。要得到三合土，首先要将石灰石捣碎，放入石灰窑中高温煅烧，将其中的二氧化碳去除，然后将剩下的石灰和水混合成糊状，最后将这种糊和砂土混合即可。刚刚制作出来的三合土是糊状的，用泥镘将三合土抹在砖石的缝隙中可以将之紧密结合，增加其牢固性。在三合土中的水蒸发后，其中的沙砾就会出现缝隙，其中的石灰就会和空气中的二氧化碳反应生成坚硬的石灰石，将砖石等紧密结合在一起。

“三合土变硬和石灰水上的薄膜都是空气中存在二氧化碳的证据，不过我也说过了它的含量并不多，化学家曾经用非常精密的实验装置测量，结果发现在2000升空气中仅仅含有1升二氧化碳，那些逸散到空气中的大量二氧化碳已经全部被植物吸收掉了。

“植物的叶子表面有非常多的孔，叫作叶孔。叶孔非常小，一片叶子上甚至能有十亿个叶孔，在显微镜下才能看到。由于我们没有显微镜，所以我无法让你们观察到它的真实形状，不过放大过后的图片还是有的，就是这个（图17）。这些叶孔算是植物的嘴，二氧化碳就是从这里进入叶片内部，叶子在受到阳光的刺激后就会将二氧化碳中的碳和水化合成化合物，将剩余的氧释放出来，对于二氧化碳来说，它是被分解了，然后植物吸收了其中的碳。

图 17 放大后的叶孔

“想要分解碳和氧燃烧后生成的二氧化碳并不是一件容易的事情，化学家必须用有效的药品、复杂的过程和精密的器械来达到这一目的，但是植物仅仅借助阳光就将这种作用毫不费力地完成了。

“在没有阳光的情况下，植物是无法对二氧化碳进行加工的，于是植物就会处于饥饿状态，叶片也不再是绿色，最后枯萎。这种情况就叫作‘黄化’或是‘漂白’，如果用瓦片盖在草上，草就会变成黄白色，这是同样的道理，那些种田的人也会用这种方法将蔬菜变得嫩一些，或者使其臭味变得不是特别浓。

“植物在接受阳光照射后就会将二氧化碳中的碳储存起来，把氧释放出去。这些氧又再次和氮混合成空气，再次经种种途径和碳结合，然后再次带着碳回到植物体内。就像是蜜蜂从蜂巢出去采蜜，采完又回到蜂巢一样，氧就是住在植物这个蜂巢中的蜜蜂，将碳取回植物中，然后再出去寻找，就这样一直循环。

“那些在植物体内储存起来的碳会和植物吸收的水生成化合物，演变成糖类、树胶、油、纤维等物质。在植物体死亡或是被动物吃掉后，这些物质就会在腐败或消化的作用下分解，碳再次变成二氧化碳，然后被别的植物吸收，然后植物又将这些碳转化为糖类、树胶、油、纤维等物质，这同样是一直循环的。

“还记得我说的话吗？我曾说，木柴中的碳会出现在面包中，我们也会吃到能够变成木柴的东西，这就是其中的道理了。爱弥儿，你还记得这些话吗？”

爱弥儿说道：“当然记得！不过你当时说的时候我虽记住了这一

点，但是不明白其中道理，现在是全部明白了。木柴在燃烧时其中的碳会和氧化合产生二氧化碳，二氧化碳会被植物吸收，其中的碳就变成了米和麦或是草，然后牛羊又吃掉草，于是我们便得到了米饭、面包以及牛羊肉等食品。但是，木柴中的碳也很有可能再次聚集在木柴中，再次被燃烧，也许还循环了很多次才会变成我们的食物，这些似乎都是无法验证的。”

“没错，我们的确没有办法追寻碳的踪迹，不过一般来说碳总是会经历从大气到植物再到动物再到大气这样的循环，大气是公共的碳储点，生物都会从大气中找到供自己生长的原料，而氧则是负责输送这些原料的。动物可以从动物或是植物中得到碳，然后氧气将这些碳变成二氧化碳再回到空气，植物从空气中得到二氧化碳，然后将氧释放出来，将碳转变为可以供动物食用的部分，于是自然中的动植物是缺一不可的，它们是相互依存的，动物制造出植物需要的二氧化碳，植物则制造出动物需要的氧以及食物。”

喻儿听到保罗叔的话后非常激动，说道：“你讲的这些功课中，我想最有趣的就是这一节了吧。你之前说你的朋友拿着三个瓶子去找厨师的时候我还认为你在讲笑话，但是现在我知道了，这的确是一个真实的、有趣但严肃的故事。”

“对，可能对于你们来说是有些严肃，不过动植物之间的依存是非常美丽的，你们不得不去了解它。现在我不再去做这些说明了，来做一个实验吧，借助这个实验，我们来证明植物将二氧化碳中的氧去除掉了。这个实验最好是在水下进行，这样在氧释放出来的时候我们可以观察到气泡，并且可以收集它们。由于二氧化碳微溶于水，所以水中一般都含有一些从泥土或是空气中得来的二氧化碳，所以我们不需要给浸泡的植物供应二氧化碳。

“现在，在容器中充满普通的水，并将新摘下来的几片叶子放进去。这些叶子最好是水生植物的叶片，这样能够保证氧的产生更加持久更加迅速。做完这一步，便可以用玻璃漏斗将叶片扣住，再在漏斗颈上套一个装满水的试管，最后将整个装置放到阳光下（图18）。”

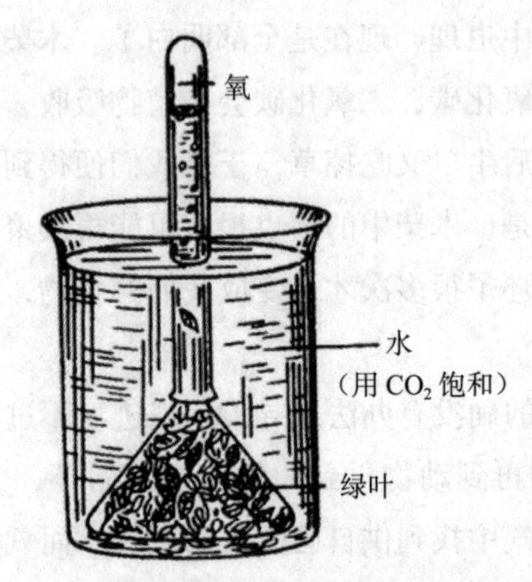


图 18 证明植物生成氧的实验

过了没多久，叶片上便开始出现气泡，这些气泡逐渐将试管中的水挤出，成为一个气层。保罗叔在实验后证明这些气体能够使快要熄灭的火柴复燃，所以这些气体正是氧，那么便可得出结论就是，这些二氧化碳已经被叶子分解了，只有氧气被释放了出来。

“现在我们不去管其他的特殊实验，就算是在活的植物上证明这一点也是非常容易的。屋后的池子中有很多蝌蚪，这些蝌蚪有的在池子边晒太阳，有的在水中游动，不仅如此，水中还有很多软体动物和小鱼、贝类、虾类等水生动物。这些动物的生存都需要氧，它们也会从水中吸收溶解的氧。如果水池中不含这些氧，这些动物就会窒息。不仅如此，要知道池子底部有大量的淤泥，其中含有腐烂的动植物残体和排泄物，那么这些腐烂的物质中经常会放出大量的二氧化碳，这种气体同样不能供鱼、虾、贝、蛤等动物呼吸。那么，这些二氧化碳到底是如何消失的？水中的氧又是从何而来？

“水中同样有水生植物，这些植物就会将这些二氧化碳清除掉，然后释放氧，腐烂的物质供应给水生植物养分，水生植物又会将动物必需的物质供应给水生动物。在那些不流动的水域中，丝藻算是最勤奋的净化植物了，它的外形成丝状，非常柔嫩，在水里的石头或是物体上附着，看上去就像是绒毛一般。如果将这些丝藻放入装满水的瓶子中并接受光照，这些丝状物中不久就会出现小气泡，这些就是从二氧化碳中剔除出来的氧，当这些氧越积越多，它们就会把这种很轻的丝藻浮出水面。

除了这个，还有一个不需要用特别用品的实验。将水生植物的叶片摘下放到玻璃杯中，然后放在阳光下照射，马上就能看到叶片上冒出了气泡。但是如果将这个实验装置移到不见阳光的地方，气泡的产生就会停止，这也就证明了植物内部的这种作用必须要经过太阳光的帮助。这个实验非常简单，以后你们可以自已试着做一下。

“从这个实验中我们能够得出结论，水生植物在阳光下能够释放氧，这些水生植物和陆地上的植物所起的作用是一致的，这些释放出来的氧溶解在水中就能够给水带来生命。所以，不管是什么样的水，只要水中有植物生长，这些水中就能有生命存活。

“你们应该可以从我说的这些话中得出一些有用的知识。你们不是经常在杯子中养金鱼吗？你们失败的根本原因就是杯子中的水含氧量不够，如果哪一天忘记了换水，金鱼就会死亡。以后你们再养金鱼的话可以试着在水中放一些丝藻，那么这些丝藻和金鱼就会互相帮助，丝藻给金鱼提供氧，金鱼给丝藻提供二氧化碳，就算在不干净的水中这二者也能生存。于是，如果你们不想让你们的金鱼同伴死掉的话，最好是找一些水生植物来给它做伴。”

# 第24章

# 硫

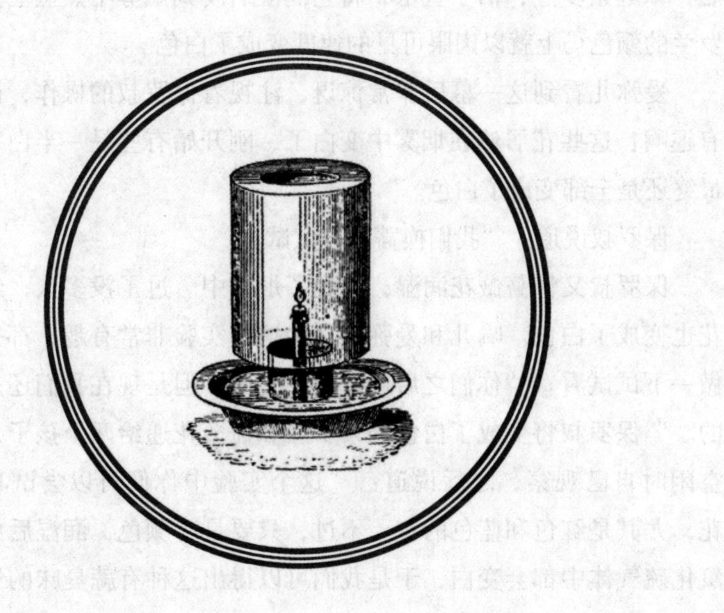

“我想你们都非常熟悉硫黄了，我也就不用再过多解释了。一般来说，硫黄的产地大都在火山附近的地下，并且非常大块地聚集在一起。这些硫黄有的时候很纯，有的时候含有杂质，比如泥土、沙子等，这些杂质都是要去除掉的。

“硫黄在氧气中燃烧会发出蓝色火焰，同时生成有刺激性气味的臭气。人们呼吸了这种气体后就会咳嗽，和呛到一样，这种气体名叫二氧化硫，也就是亚硫酸酐，它的水溶液名叫亚硫酸，这些都在之前讲过了。在空气中由于氮气的存在使得它的燃烧非常缓慢，火焰也会暗淡不少，但是生成物依然是二氧化硫，气味和我们摩擦安全火柴时闻到的气味相同。那么，这种气体到底有什么用处呢？

“我们今天的主要目的就是探讨这种气体的用途，不过在这之前，我们需要从园子中采一些蔷薇花和紫罗兰。”

这两种花马上就采到了，于是保罗叔将一些硫黄放在了一块砖上点燃，拿起紫罗兰，沾了些水，将它润湿后凑到烟雾中熏蒸。然后这朵紫罗兰的颜色马上就以肉眼可见的速度变成了白色。

爱弥儿看到这一幕后非常惊讶，注视着保罗叔的操作，说道：“好有趣啊！这些花居然在烟雾中变白了，刚开始有些是一半白一半蓝，但最终还是全部变成了白色。”

保罗叔说道：“我们换蔷薇花试试。”

保罗叔又将蔷薇花润湿，放到了烟雾中。过了没多久，红色的蔷薇花也变成了白色。喻儿和爱弥儿认为这个实验非常有趣，都打算自己来做一下试试看。“你们之后可以自己去做，但是现在我们还是要往下说的。”保罗叔将变成了白色的紫罗兰和蔷薇花递给两个孩子，让他们在空闲时自己观察，之后说道：“这个实验中你们可以尝试其他种类的花，尤其是红色和蓝色的花，不过，只要是有颜色，润湿后放入这种二氧化硫气体中都会变白，于是我们可以得出这种有蒜臭味的气体有漂白的特性。

“这一特性的用处非常广泛，家庭中有时也可以用到。比如，现在的这块布上沾上了樱桃汁脏掉了，但是用肥皂水去洗的话很难洗掉这样的污渍，但是若将它弄脏的地方润湿后放到二氧化硫气体中，这块污渍就会被除掉了，因为花和果实中的颜色都是天然的，这种气体既然能漂白花朵，那么自然也就能漂白樱桃汁。现在我来试验一下，现将这块布脏掉的部分润湿，将一个漏斗扣在硫黄上边，以便让烟气正对这块污渍。好，现在注意观察，这块红色的污渍已经慢慢变成了白色，就像是刚才的两朵花一样。现在我们只需要将这块变白的部分放到水里清洗一下即可，污渍就会消失。除了这种汁液，那些不容易洗掉的酒渍以及葡萄、樱桃、杨梅、桃子等果实的果汁污染的东西都可以应用这个方法弄干净。

“但是这个用途还并不是最有趣的，我现在来告诉你们这个知识点的一个更有趣的应用。一般丝织品或者毛织品的颜色在刚生产出来的时候都不算很白，但是为了让染色后的织品更加鲜艳，所以就需要将初始的颜色抹去，漂白。除此之外，编织草帽的麦秆、制作手套的皮革等同样在进行加工工序前就已经经过了漂白，漂白上述这些物品的方法是和漂白那两朵花的方法是一样的。

“除了漂白，硫黄甚至能用来灭火。这一点我想你们一定会觉得奇怪，但是这却是事实。”

喻儿问道：“硫黄是很容易燃烧的，那它怎么会灭火呢？我不明白其中的道理。”

“你很快就会明白的。我已经提到过很多次燃烧的条件了，其一就是需要可燃物，其二就是需要氧，如果有一块很大的范围着火了，那么我们切断氧的供应，这火就会立刻熄灭；如果我们用无法支持燃烧的二氧化碳或是氮来代替氧，同样能让火停止燃烧。”

“我知道了，如果我们在火上倾倒一些氮或是二氧化碳，那么火就会因为被这些物质阻隔了氧从而无法再烧起来。不过，在火上倾倒二氧化碳似乎是办不到的。”

“这可不一定办不到，在户外的话自然是不太容易，但是在烟囱管之类的地方却很容易，因为在这些地方，火焰只有那么一小团，并且空气的源头也只有上下两边，那么在这种情况下，想要阻碍空气的供应是非常简单的。如果某个烟囱着了火，那么我们就可以用硫黄来迅速灭掉火焰。虽然用无法燃烧并且能够阻隔助燃物的气体都可以，但是一时间弄到那么多气体是不太容易的。氮和二氧化碳不太适用这种情况，但是二氧化硫却可以，于是我们只需要将大量硫黄从烟囱中撒下，立即就会出现大量二氧化硫，比其他任何气体都来得快，来得多。等做完这些工作后，将壁炉的开口用湿布挡住，使二氧化硫从烟囱逸出，将所有空气清除掉，于是火焰也就熄灭了。”

爱弥儿道：“这虽然是事实，但是听起来还是感觉非常奇怪，之前我并没有想到还能这样做。”

“二氧化硫气体除了能够灭火外还能杀菌消毒。有一种非常微小的动物名叫寄生虫，能够在人体的各个部位寄生，比如蛔虫、绦虫等寄生在体内的以及跳蚤、虱子、臭虫等寄生在体外的，种类非常多。其中有一种名叫疥虫，能够在我们的皮肤中挖掘隧道寄居在其中，就像是土壤中的鼹鼠。由于这种寄生虫非常小，所以它们打的隧道在皮肤上的表现就是疹，也就是疥癣，让人感到奇痒无比。”

喻儿问道：“也就是说，疥癣是由于这种寄生虫引起的吗？”

“没错，并且这种病非常容易传染，只要一接触患者的皮肤，就会被传染。”

“那么这种寄生虫的形状是什么样的？”

“它的体型并不大，和尘埃差不多，如果没有好的视力是无法看到它的。它的身体像是乌龟，是圆形的，并且和蜘蛛一样有八条腿，两对在前两对在后，腿上还有坚硬的尖毛。它只有在行动的时候会用到所有的八条腿，休息的时候就会将自己的腿掩盖在身体下面，这一点也和乌龟将四只脚缩进壳中是非常类似的。它的嘴上有尖锐的钩子和刺，能够在皮肤中打洞，挖掘隧道，一边自由穿梭在这里，就像鼹鼠在泥土中穿行一样（图19）。”

喻儿说道：“叔父，不要说了！我现在都感觉浑身发痒了。”

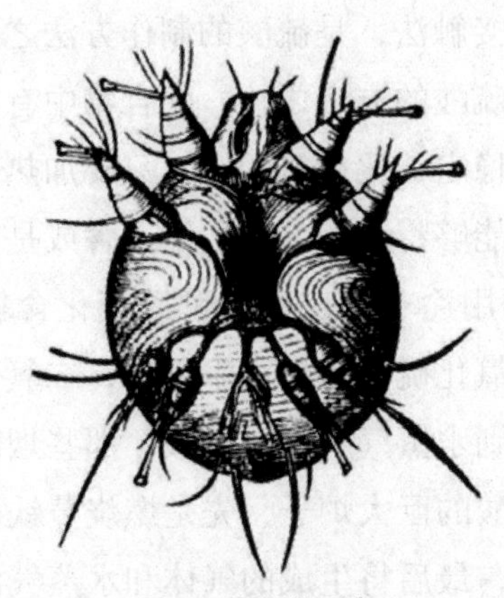

图 19 疥虫的形状

“那么我们如何去除这种寄生虫呢？要知道它会潜伏在皮肤中，我们是看不到的，再加上这种寄生虫繁殖速度非常快，成千上万地增加着，所以想要把它们一一捉住并去除是办不到的。既然这是外部寄生虫，那么吃药就没有什么效果了，我们必须用某种办法将躲在皮肤中的疥虫全部杀死。它们虽然非常隐蔽，但是同样需要呼吸空气，所以我们就可以在它们的隧道中充满二氧化硫。如果蒸汽消毒法使用得当，疥虫便会吸入大量二氧化硫气体，从而全部死亡。要知道，二氧化硫这种气体的性质非常强烈，就算是擦火柴的那一瞬间闻到的味道就已经让人有些难受了。

“硫黄在一般情况下的燃烧产物都是二氧化硫，关于这一点我们已经见过了。不过，硫可并非这么一种氧化物，它还有一种名叫三氧化硫的氧化物，它溶于水后形成我们制氢的时候曾经用到过的强酸——硫酸。一般来说，硫黄燃烧的时候不管硫黄和氧的比例是多少，得到的气体都是二氧化硫，那么三氧化硫是如何生成的呢？

“事实上二氧化硫可以和氧再次反应得到三氧化硫，只不过在一般情况下不会发生这个反应。想要得到三氧化硫，必须要用到催化剂。至于催化剂，我们之前在谈论二氧化锰的时候曾经提到过，所以就不再重复，在这里的催化剂是烧热的铂粉。将二氧化硫和氧气的混合气体通过烧热的铂粉，便可得到三氧化硫，将这些三氧化硫导入水中，便可得到硫酸，这一方法名叫接触法，是硫酸的制作方法之一。除此之外还有一种铅室法，也是制作硫酸的方法之一。化合物中有很多是含有大量氧并且其中含有的氧很不稳定，比如氯酸钾，只要加热就会让它将氧释放出来。很多含氧的物质能够将自身的氧送给不含或是含有少量氧的物质，比如硝酸，这种酸的用途非常广泛，可以氧化含氧少或是不含氧的物质。于是，如果让二氧化硫和硝酸产生反应，二氧化硫同样会被氧化而成三氧化硫，然后遇到水蒸气后变成硫酸。那些烟囱中喷着黑烟的工厂中大部分都有制造硫酸的巨大炉子，先是燃烧黄铁矿来生成二氧化硫，然后让其和硝酸反应，最后将生成的气体和水蒸气混合，于是便制成了硫酸。

“硫酸是一种油状液体，密度约是水的二倍。这种物质在纯净的情况下是无色的，但是实际中的硫酸多少带些棕色，因为里边一般会含有一些杂质。浓硫酸遇到水后会被稀释，这个过程会放出大量的热。我们在前边的制氢实验中发现瓶子非常烫，浓硫酸稀释放热便是其中的一部分原因。那么现在我们来做一个实验证明一下这个说法。

“这个杯子中的水很少，现在我将一些浓硫酸倒进去，然后小心搅匀。现在这个混合物已经变热了，只要将手放到杯壁上感受一下就能轻易发现。硫酸对水的吸收非常强，如果我们用一个杯子装一些浓硫酸，然后放到空气中，过几天就会发现杯子里的液体变得非常多，几乎增多了一倍。这些硫酸在稀释之后酸性就会减弱，所以如果想保存浓硫酸的话就必须将其密封。

“它的这个特点让硫酸拥有了一个非常显著的性质。上一章我们提到，动植物组织的成分大多是碳、氢、氧化合而成的，于是当这些动植物组织接触浓硫酸的时候，其中的氢、氧，也就是水分就会被浓硫酸吸收，就像是燃烧过一样留下黑色的碳，所以硫酸拥有碳化能力，也就是说能够将动植物的组织变成碳。这根火柴杆是木头做的，是植物组织，但是将它放到浓硫酸中几分钟，再拿出来的时候它就已经变成了黑色，已经被浓硫酸碳化了。

“我接下来做的这个实验非常有趣，你们仔细看好。我已经在这一小匙水中加入了一滴硫酸，虽然看上去这水并没有什么变化，但是它的味道已经非常强烈了，比柠檬汁还要酸。那么，我现在要做的就是用这些液体来代替墨水在纸上写字，但是毛笔和钢笔都会被硫酸腐蚀，所以我找到了鹅毛，用这种东西书写是再好不过了。当然，纸张方面是没有什么要求的。”

保罗叔说完便从爱弥儿的白纸簿上撕下了一张纸，用鹅毛蘸上一些稀释过后的硫酸，开始在纸上书写。这些字迹干燥后仍然没有显现出来，就像是用水写的一样。

保罗叔将这张纸递给两个孩子，问道：“你们知道上边写了什么吗？”

孩子们拿过纸，对着阳光仔细观察了几遍之后还是看不到任何东西，就连书写的笔迹都找不到。

爱弥儿说：“你这种墨水并不黑，我什么都看不到。如果我刚才没看到你真的在上边写了字，我可能会认为这张白纸是没有人动过的。”

保罗叔说：“虽然这些字我们现在看不到，但不代表我们一直无法看到。我只需要将这张纸在火上烤一下，这张纸就会出现变化了。”

奇怪的事情发生了，在保罗叔将这张纸移到火焰上方之后，纸上竟然出现了一个个黑色的字，其中有一些出现很快，有一些只出现了一半，当纸张在火焰上移动的时候，这些黑色的字渐渐连成了句子：“被硫酸碳化”。

爱弥儿惊讶地看着这些字，说道：“真是奇怪！叔父，能把这些魔术墨水送给我吗？我想去给朋友表演看看。”

“如果你需要的话大可拿去，这硫酸已经稀释的很淡了，就算粘在手上也不算是特别要紧的事情了，没有什么危险。现在我们来讲讲这种硫酸溶液为什么能够在纸上写出黑色的字。我们都知道纸的原材料是竹子、木头、破布以及稻草秆等，这些东西在本质上都是植物组织，含有碳、氢、氧三种元素。墨水在受热后，其中的硫酸就会将氢和氧，也就是水夺走，剩下的就只有碳了，字也就变成了黑色的，这就是其中的奥秘。

“从这个实验中你们应该已经明白了硫酸的危险程度。它能够将动植物组织变成碳，不仅是一种强酸，还是一种烈火，所以我们在取用硫酸的时候千万不要让它滴在我们的衣服和皮肤上，因为衣服如果沾到了硫酸，接触的地方就会立刻发黄，有一种被烧焦的感觉，并且最后被烧穿；如果皮肤沾上了硫酸，急忙用水冲洗的话还是没问题的，如果时间久了，就会像是火焰灼烧一样疼痛。

“不过，虽然硫酸十分危险，但是很多工业中都需要用到它，比如纺织厂、鞣革厂、造纸厂以及玻璃、肥皂、蜡烛、染料等的制造厂。我所说的需要用到，并不是说这些制造出来的物品中就含有硫酸，而是在这些物品的生产过程中必须要用到硫酸。这种物质是制造业所必备的、用途广泛的工具，它能够协助完成很多物品的制造，没有它自然是无法完成制造工作的。

“我们日常生活中都见过玻璃，它是熔化后的砂以及碳酸钠形成的。如果想要制作玻璃，就需要用到砂和碳酸钠这两种物质，砂这种物质的数量自然很多，所以不用担心供应不足，但是碳酸钠却不是这样，必须依靠硫酸钠来制取，这硫酸钠就是食盐和硫酸反应而成的产物。这样看来，虽然玻璃中并不含有硫酸，但是硫酸却是真正必备的物质，因为没有硫酸就无法制得碳酸钠，没有碳酸钠就制不成玻璃，肥皂也是一样，其中同样含有大量钠。煤和硫酸中前者可以点燃火炉，产生蒸汽带动机械，后者则会参与众多化学变化。”

# 第25章

# 氯

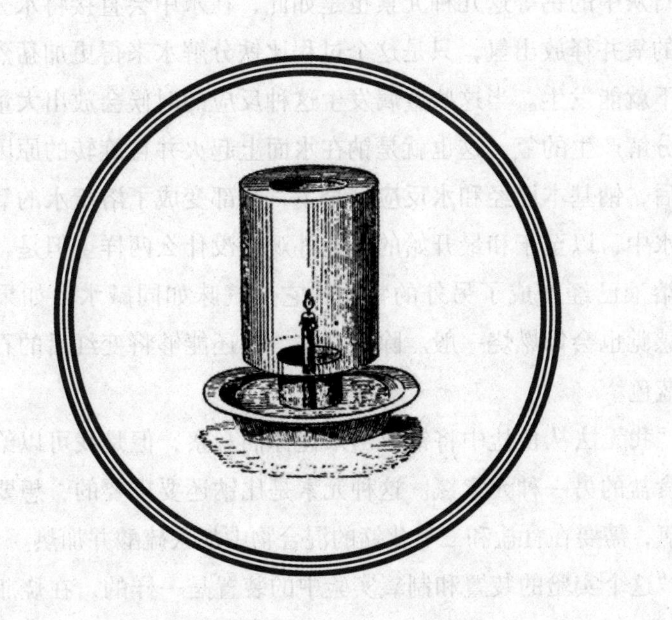

“食盐这种东西我们并不陌生，并且之前我们也已经说过很多次了，它是由金属钠和非金属氯构成的，按照语法应称为氯化钠。”

爱弥儿认为“钠”这个字是听过的，于是便问道：“保罗叔，你是不是要给我们看一些钠，并且讲述一下它的性质呢？”

“很可惜，你说错了。虽然药房中有卖，但是它的价格却非常贵，我们是买不起的，所以我只能给你们叙述一下它的性状，而不能让你们观察到实物。这种金属质地非常软，用手指就能将其捏扁，还能像蜡一样被塑造成各种形状。它的颜色是银白色，和铅的切面颜色相似，密度比水小，如果将它放在水中，它就会浮在水面上并且燃烧，像个火球一样在水面上旋转。草木灰中含有的钾性质和钠十分类似，但其性质更不稳定，更加猛烈。我们现在要做的就是了解这两种元素遇水起火的原因。

“我们知道水是由氧和氢这两种元素组成的，我们在去过铁匠那里后就明白了铁能将水分解出氢，并且夺走了其中的氧。同样的，钠和钾以及石灰中的钙等这几种元素也是如此，在水中会直接将水分解，夺取水中的氧并释放出氢，只是这个过程比铁分解水来得更加猛烈，并且在常温下就能发生。当这些金属发生这种反应的时候会放出大量热，点燃了水分解产生的氢，这也就是钠在水面上起火并且旋转的原因。火焰熄灭之后，钠基本已经和水反应完全了，全部变成了溶于水的氧化钠溶解在了水中，以至于和最开始的水在外观上没什么两样。但是，这些氧化钠水溶液已经变成了另外的物质，它的气味如同碱水，如果放到舌头上，感觉也会像燃烧一般。除此之外，它还能够将变红后的石蕊试纸还原成蓝色。

“我无法从食盐中将钠取出来让你们观察，但是我可以给你们展示组成食盐的另一种元素氯。这种元素是比钠还要重要的，想要从食盐中制出氯，需要在食盐和二氧化锰的混合物中加入硫酸并加热。

“这个实验的装置和制氧实验中的装置是一样的，在烧瓶中加入食盐以及二氧化锰，注入硫酸后搅拌均匀，将曲玻璃管插好后加热便可，过不了多长时间混合物中就会产生氯。它和二氧化碳一样是比空气重的气体，所以我们也可以用收集二氧化碳的方法收集它，也就是直接将曲玻璃管通到广口瓶底部而不用在水中收集。

“从我们开始讲化学到现在，遇到的全部都是无色的气体，比如空气、氢、氧、氮、二氧化碳、一氧化碳、二氧化硫等，我们无法用肉眼看到它们。然而，这并不代表所有气体都是无色的，我们现在要收集的这种气体就是黄绿色的，这也就是它俗名为‘绿气’的原因。正是由于它的这种颜色，我们可以观察到它是如何将广口瓶中的空气挤走并慢慢变多的。现在这广口瓶底部已经出现了黄绿色的氯，上边的无色气体就是空气。等再过一段时间后，这个瓶子中就应该全部充满氯了。”

当瓶中充满氯后，保罗叔便将曲玻璃管取出，用玻璃片盖上了广口瓶的瓶口，但这时已经有了一些黄绿色气体逸散到了空气中。或许，这些逸出的气体就是保罗叔为了让孩子们明白这种气体不适合呼吸而特意留下的。爱弥儿在这一次后，脑子里关于氯的印象就留下了深深的烙印，他距离广口瓶比较近，从而闻到了一些非常难闻让人难受的气体，闹得他咳嗽不断。爱弥儿接连拍打着胸脯，却无法止住咳嗽。

保罗叔说道：“孩子，不要怕，过一会儿咳嗽就会停止的。出现这种状况是因为你吸入了氯，但是好在你吸入的并不多，其中混杂着大量空气。你现在如果想要停止咳嗽，将喉咙清洗干净的话，可以试着喝一杯冷开水。”

爱弥儿急忙照做，咳嗽果然止住了。但是他经过这一次之后，就没有再敢走到氯气瓶的旁边。

保罗叔说道：“看来你的咳嗽已经止住了。其实，吸入少量的氯气并不会对身体造成影响，对于呼吸过带有腐败物质的污浊空气的人来说反而还有一些好处。怕就怕大量吸入，如果真的大量吸入，那么几次呼吸后人就会丧命。”

爱弥儿说道：“这一定是真的！我只吸入了一点点就已经这么难受咳嗽不停了。不过，食盐居然是能将我们的嘴烧坏的钠和吸入后让人感觉非常痛苦的氯组成的，这真是难以相信。还好这两种元素化合后性质已经改变，不然我们真的不敢再用食盐来做菜了。”

保罗叔又说：“没错，也幸好氯和钠在分离之后还能回到原来的性质。在某些工业上需要用到氯，作用和二氧化硫是类似的，也是用来漂白。你们看，我现在将一些蓝黑色墨水倒入这个瓶中并震荡，它们的颜色已经渐渐变成了灰黄。这种结果就证明氯破坏掉了墨水的颜色，使其改变了。

“现在我来让你们看一个更加有意思的实验。现在这里有一张从旧本子上撕下来的纸，上边的这些字都是用蓝黑墨水写上去的。现在我将这些纸弄湿，这一步是必须要做的，至于原因我在后边会提到。将纸弄湿后放到第二个广口瓶中，现在看，这张纸上的字渐渐消失掉了，最后变得和没用过的白纸一样白。”

保罗叔将纸取了出来，交给孩子们，让他们去寻找曾经存在过的字迹。孩子们仔细查看了这张纸，但是并没有看到任何的字迹，除了几个地方依稀能够看出有钢笔的划痕，其他地方都如同没有用过的白纸一般。

喻儿说道：“这张纸就像是新的一样，文字全部消失掉了。记得二氧化硫可以将蓝色花漂白，那么二氧化硫能将蓝墨水漂白吗？”

“二氧化硫的漂白性很弱，所以它无法将蓝墨水漂白。氯的漂白性比二氧化硫强很多，所以在工业上的作用也比二氧化硫重要很多。不过，有一些染料是无法被氯漂白的，现在我就给你们证明一下。”保罗叔说着便从旧报纸上撕下了一块，用蓝墨水在上边写了几个字，之后打湿并放入装有氯的瓶中。过了一段时间之后，保罗叔写的字消失了，但是其他的印刷字变得更加黑了。

“纸的其他部分已经被漂白了，对比更明显，这些字也就显得更黑了。”

喻儿问道：“为什么氯无法漂白印刷字呢？”

“印刷所用油墨的原料是油烟（也叫烟墨）以及蓖麻子油，而蓝黑墨水则不是。燃烧油类是生成的烟炱就叫作油烟，这种物质是碳的变形物质，非常难被氧化。氯的漂白作用体现在它能和水反应并夺取水中的氢生成盐酸，放出的氧和染料再次结合生成无色物质，于是便完成了漂白，这一点也就是为什么在漂白时要将被漂白物弄湿的原因。由于油烟非常难被氧化，所以它也就会保持它的颜色了，但是蓝墨水则不同，它的成分主要是硫酸亚铁和没食子酸，这些酸能够被氧化为无色的化合物，所以蓝墨水的颜色也就消失掉了。

“在造纸和纺织中一般都用氯做漂白剂，那些可供书写的白纸以及可以穿的白色衣物都是氯的功劳。不过，想要得到氯则必须用硫酸对食盐进行分解，这也就从侧面证明了硫酸的重要性。

“苎麻以及大麻等的颜色都略微带点红，如果想要将这种颜色去除，则需要很多次的洗涤，于是麻布是越用越白的。很久之前，人们漂白麻布的方法就是把它们放置在室外，在阳光的照射和雨露的冲刷下，过一两个星期就会变白了。但是这样漂白时间太长，并且需要用到的土地也很多，所以代价很大。近代工业所用的氯漂白法就是比这种方法更强的漂白方式，刚才你们也看到了它对蓝墨水的漂白作用是多么迅速。既然它能够将墨水漂白，所以将带一点红色的麻布漂白就非常简单了。”

喻儿说：“这么说的话，毛织品和丝织品也可以用氯漂白了，要比二氧化硫快很多吧？”

“不行的，氯在水中生成的酸性质非常强，会将毛织品和丝织品腐蚀掉的。”

“为什么棉和麻就不会被腐蚀呢？”

“这些物品对氯的抵抗力是有区别的，棉麻制品比毛织品和丝织品要结实得多，这种植物性纤维能够经受很多次肥皂水的洗涤，并且经过风吹、日晒、雨淋、摩擦、槌打等都不会破损。但是毛织品和丝织品却不同了，这两种是动物性纤维，化学性质和之前的植物性纤维有本质区别。氯只能破坏动物性纤维，但是无法破坏植物性纤维，仅仅能够将它的颜色改变。

“工厂中大多使用氯来做漂白剂，一般都将这种氯‘放置’在石灰中，制成氯化石灰。这种物质是白色粉末，并且带有非常强烈的刺激性气味。工业上称这种氯化石灰为漂白粉，算是储存氯的地方。

“我现在要将氯在造纸业上的作用告诉你们。我们应该不会想到，这些供书写的纸是如何得来的。几千年前，巴比伦和尼尼微的亚述人将泥土制成土板，然后在其未干燥的时候用树枝等在上边刻字，刻完字后将其烧干，这些文字就不易破损掉了。所以当时如果有人想给同伴一封信，就需要寄过去一块大土板。”

爱弥儿说：“现在的邮递员一般都会携带几十封信，如果这些信都是土板，那邮递员肯定走不动路了。”

保罗叔又说：“如果他们打算出一本书留存下来的话，那么这本书足以将整个图书馆塞满，因为一块土板只能刻下书的一面。如果将现在的这些印刷书用土板代替，那么需要的土板估计足有一间屋子那么多了。于是，在那遥远的年代里，一个图书馆中的藏书并不多，因为这些书实在太笨重了。这些土板书有一部分流传到了现在，是人们在尼尼微和巴比伦的遗址中寻找到的，上边的这些字义也被人们翻译出来了。

“过了很长时间后，东方又出现了一个新的写字方法，那里的人用芦苇秆做笔，将烟炱和醋合在一起用来当墨水，纸则是使用那些被晒得发白的羊骨头。他们将很多的羊骨头用绳子串起来，就制作成了文章或是书籍。欧洲的古希腊和古罗马文化非常发达，那里的人们一般在木板上滴上蜡，然后用一端尖锐一端扁平的刻笔在蜡板上进行书写。新出的蜡板需要用扁平的一端刮平，如果书写错误，也可以用扁平的一端将错字刮掉。

“古埃及的人们发明的草纸已经非常接近现代的纸张了，在尼罗河的两岸盛产一种叫作papyrus的苇草，其草秆外边包裹着一层白色的薄皮。人们将这层薄皮剥下，在河水中浸泡之后将它们一条条的横一层竖一层排好，用槌子敲打结实后便可以用来书写了。写字用的也是削尖的苇秆，墨水也是用烟炱制作成的。papyrus这一个单词也逐渐演变，形成了现在的paper，这在英文中就是纸张的意思。

“一般的草纸并非矩形，也并非大小统一，当时的草纸大小是按照上边字的多少而定的，所以当时的书籍就只有长短不一的一张纸，为了便于携带就将它缠在一根木轴上。我们现在的书都是一页一页的，并且字都是印在两面，但是当时的书却只有一张只有一面的纸，他们只能将这张纸展开，一点点看。

“现代纸的发明者是中国人，古中国的文化非常先进发达，现在能够找到的最古老中国文字都是刻在龟甲和牛骨上的甲骨文，河南安阳的殷墟中曾经出土了大量甲骨文，推测起来的话其年代应该是公元前一千几百年前了。后来的周朝就开始使用竹片来做纸张了，文字要么是刻在上边，要么就是用漆写在上边，然后将这些带有文字的竹片用牛皮或是绳子穿在一起，就制作成了竹简。这之后的汉朝又将竹简进行了改良，改为在缣帛上书写，保存方试是将这些缣帛卷在木轴上，称作卷。公元前100年的东汉，湖南人蔡伦发明了造纸术，用树皮、麻以及破布造纸。阿拉伯人在9世纪的时候从中国学到了造纸术，但是欧洲人知道造纸术却是在13世纪了。公元1340年左右法国建立起了第一个造纸厂，现在的这些白纸都是用木头、竹子、棉麻以及破布等制作成的，先将这些原料切成细条，加入适当药品煮沸，取出无用的物质，然后用水冲洗后切碎，经过这些处理的原料就已经变成了灰色的浆状物质，也就是纸浆。再早之前，这些纸浆必须经过漂白，漂白剂就是我们之前提到过的漂白粉，也就是氯化石灰。

“但是，如果要将这些纸变得适于书写和印刷，还需要对纸张进行进一步加工上胶，在其中加入一些淀粉或是树胶等物质使其渗透性变小，这样一来这些纸张就非常紧密了，可以进行最后一步操作了。

“将得到的纸浆放入水中，经一层金属网子过滤，将那些大颗粒都去除掉，然后把另一个网眼更细的金属网子卷在滚轴上，将经过第一次过滤的纸浆中的水分过滤掉，于是就形成了一层纸薄膜。这个转动的金属网会把这纸薄膜运送到一块毛布上，剩余的水分也再次被清除，这一步之后，这些纸薄膜会被转移到空圆筒上，空圆筒的中间是加热用的蒸汽，将这些薄膜加热后就得到了干燥后的纸，这些纸在经过一个圆筒打磨光滑后就得到一张非常长的光滑纸张了。这个过程大概只需要花费几分钟，当制作完成这张非常长的纸，再将其切割，就可以用于多种用途了。

“你们以后在读书写字的时候就需要牢记这一点，这些纸之所以这么白，都是因为氯的漂白作用。”

第26章

# 氮的化合物

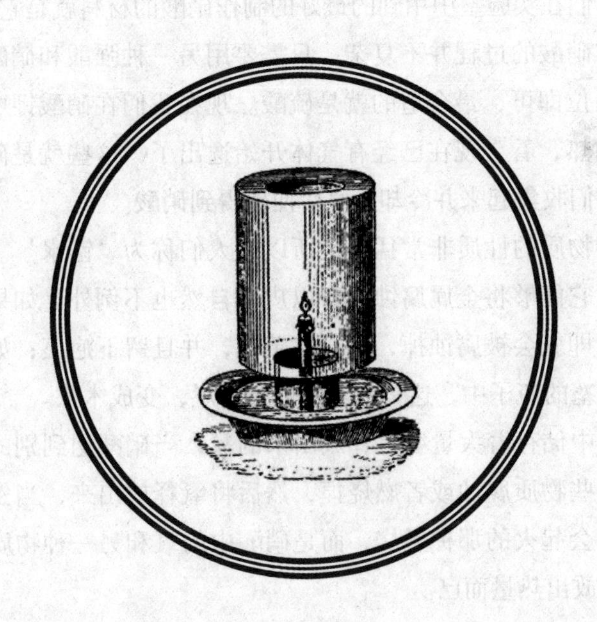

“我们今天要讲的就是氮的化合物。我们之前曾经提到过其中的一种，也就是硝酸，这是一种非常强的酸。一般的酸都是将物质氧化或是燃烧就可以得到酸酐，然后将酸酐溶于水便得到了相应的酸。然而，氮这种物质却十分不活泼，在平常状态下无法和其他元素化合，这一点我们在日常生活中很容易就能看到。首先，炉子燃烧的时候通入的是空气，其中的氧被消耗了，但是氮在进出后却没有变化。虽然要使氮和氧化合生成硝酸酐并非不可能，但是却需要非常复杂的设备，我们这个简陋的实验室是不可能做成这种实验的，我们要制作硝酸的话就必须使用含有氮和氧的天然物质。

“我们经常在潮湿的墙壁上看到一些白色粉末，我之前曾经提到过它们，这些就是硝石，如果用鸡毛将它们收集起来撒在火焰上，它们就会被点燃，并且发出火焰。这种物质的学名叫作硝酸钾，是硝酸和氧化钾反应生成的。这种物质分解时会放出内部的氧，木炭的燃烧也就会更加猛烈，我们在实验室中用到的最好的制作硝酸的材料就是它了。

“制作硝酸的过程并不复杂，只需要用另一种强酸和硝酸钾反应，使钾和氢易位即可，最合适的就是硫酸。现在我们在硝酸钾中加入一些浓硫酸并加热，看，现在已经有气体开始逸出了，这些就是硝酸气体，我们要将它们收集起来并冷却，之后便能得到硝酸。

“这种物质的性质非常猛烈，所以被人们称为‘镪水’。‘镪’这个字就说明它能够将金属腐蚀，所以皮肤自然也不例外，如果皮肤沾上了硝酸，立即就会被腐蚀掉，烧成焦黄色，并且留下疤痕；如果将硝酸装入带软木塞的瓶子中，这个软木塞也会溃烂，变成木浆。

“硝酸中储存着大量容易释放出来的氧，当硝酸遇到别的物质时一般都会将那些物质腐蚀或者燃烧掉，然后将氧释放出来，当然，这里的燃烧并不是会起火的那种燃烧，而是硝酸中的氧和另一种物质发生了化合反应并且放出热量而已。

“我们现在来举一个硝酸腐蚀金属的例子。如果我在硝酸中加入铁屑，那么这些混合物立即就会产生棕红的烟雾并发出声音以及放热，短短几分钟之内这些铁屑就会完全燃尽，剩下的就是铁锈了。我如果用锡箔来做这个实验，同样会得到棕红色的烟雾，并且也会听到声音和感觉到发热。等到反应结束后，这些锡箔就变成了白色的糊状物。这些糊状物正是锡的氧化物，也就是锡锈。当然，我用铜做实验的话得到的结果也会产生和铁、锡一样的结果，不过由于铜锈溶于酸，所以不会出现固体，而只是将溶液变成了绿色。

“除了这些遇到硝酸会被腐蚀的金属，还有一些不会被硝酸腐蚀的金属，比如永远不会生锈的金。就算将金放入浓硝酸中并加热到沸腾，它也会保持完好，并且无论街多长时间都是如此。于是，鉴别金和铜就可以使用硝酸了，因为铜会被硝酸腐蚀而金不会。

“印刷业中在制作照相锌版的时候就用到了硝酸对锌的腐蚀性，这个步骤可以分为五步：首先，在锌版的表面涂一层用蛋白和重铬酸盐制成的感光膜，这种感光膜在受到光的作用时会变成不可溶物质；第二，在这片锌版上的感光面上反贴一块照相底片并用强光照射，这些光线本身并不可见，会进入底片的透明部分并对胶膜产生作用，让这些胶膜变成不可溶的物质；第三，在曝光后的锌版上涂油墨，在冷水中将没有受光的胶膜洗去；第四，加热锌版，让油墨有黏性，之后撒上麒麟血粉，也就是红粉，等到锌版冷却后它便具有了耐酸性；第五，让锌板和稀硝酸接触，锌版上没有被耐酸性物质盖住的部分就会被腐蚀并且凹陷下去，等到腐蚀得差不多之后将硝酸清洗掉，锌版上就出现了字画。

“好，关于硝酸我暂且就讲这么多，现在我们来谈一谈硝酸钾，也就是硝石。这种物质还有一种主要用途就是和硫黄、木炭一同制造黑火药，其中硫黄和木炭都是可燃物，再加上硝石中的大量氧元素，黑火药在点燃后硝石就会分解出氧，硫黄和木炭就会燃烧并在瞬间变成大量气体，扩散开来的话约是黑火药本身体积的150倍。但是，它被禁锢在小小的炮弹中，于是它便像上足了劲的发条一样瞬间爆炸，炸开炮弹的外壳。

“说完硝酸钾，我们再来说一说氮的另一种化合物，这种化合物的作用非常大，尤其是在农业中。你们看，现在这瓶子中装着的是和水一样的液体，但是你们最好不要将这个瓶子放到鼻子旁边去闻气味，因为这种气味有非常强的刺激性，问多了的话就会非常难受。不过，你们倒是可以试着闻一闻这个瓶塞。”

爱弥儿自从在闻到了氯的那种气味之后就非常留心一些气体的刺激性气味了。他非常小心地闻了闻瓶塞，叫道：“哎呀，这味道太可怕了，就像是针一样在鼻孔中乱刺。”虽然他并不想哭，但是眼泪还是流了下来，他急忙伸出手去擦了擦，将瓶塞递给了喻儿。

喻儿拿起瓶塞闻了闻后便说道：“啊，这是阿摩尼亚水吧！洗染店里经常用这种液体来去除污渍。这种液体有非常强烈的臭味，我马上就闻出来了。并且爱弥儿闻了它流出了眼泪，这就更证明我的猜测了，因为我第一次闻到这种东西的时候也和他一样。”

保罗叔说道：“对，这就是阿摩尼亚水，化学中被称作氨水。这种液体中所含的物质能够和污渍化合生成可溶性很强的新物质，所以可以用来去除污渍。将一些氨水用刷子刷在衣服上后过一小段时间再进行冲洗，就可以把污渍去除掉了。

“这种液体的成分是一种能够溶于水的气体，也就是阿摩尼亚，在化学中被称作氨。”

喻儿问：“氨水和氨不是一种物质吗？”

“当然不是的，氨是一种无色有臭味的气体，能够刺激人的鼻黏膜从而引起流泪。氨水则是氨和水的化合物，氨在水中的溶解性极强，这个瓶子中装的就是含有大量氨的溶液。在常温下，一升水中约能溶解800升氨，所以在这些氨水中经常有氨逸出，导致我们在闻氨水的气味时也会流泪。如果将氨水加热的话，氨气逸出的量就会增大，这种刺激性臭味也就会更加强烈了。”

爱弥儿说道：“这种情况下，我们就算很想笑，也一定会泪流满面的。氯会让我们咳嗽，氨会让我们流泪，各有各的不同。”

保罗叔点了点头：“没错。氨有强烈刺激性臭味，能够让我们的眼睛开始流泪，从这一点我们就能判断这种气体存在与否了。

“人们在实验室中制氨的话需要用到硇（náo）砂（化学中的学名为氯化铵）以及潮解过后的石灰粉，将这两种物质混合后加热便能够得到氨气。这种操作的装置和制氯的装置是一样的，只是将玻璃漏斗舍去了而已。这种氨比空气要轻，所以在收集的时候要将瓶子倒置，或者也可以直接通入水中将其制成氨水。

“氨的组成元素有两种，即氮和氢。近期工业中一般都用氮和氢进行反应来制氨，这种方法名叫合成法，产量大耗资小，算是为农业生产提供了有力帮助。在你们看来，这种氨水只是能够去除污渍的物质，但是在农民看来，它却是最好的肥料，是宝贝，它能够影响作物的产量以及我们的食品来源。要知道，植物和动物体内都含有氮，在动植物死亡腐烂后，它们体内的氮就会回归自然，碳在腐败过程中变成二氧化碳，氢在一系列化合作用中变成了水，而氮则变成了氨。这些生成物又会被植物吸收，二氧化碳将碳供给植物，水将氢供给植物，氨将氮供给植物，然后再加上植物呼吸作用吸收的氧，这四种元素共同构成了我们吃到的一切植物性食物，比如面包、蔬菜和水果；动物们在吃掉植物后会将它们转变成肉、奶、毛皮等对人类有帮助的物质。要知道，如果植物要吸收氮，那么就必须将氮转化成氨。粪便在腐烂的过程中会产生大量氨，所以也是非常宝贵的肥料了，我们最近看到的硫酸铵肥田粉便是含有氨的物质。

“氨的用处非常多，除了能够去除污渍，还能将一些颜色淡化。如果想要用氨水清洗衣物，那么衣服必须是黑色或是不容易褪色的，不然的话衣服本来的颜色也会被氨水破坏。我现在要告诉你们一个将来一定会用到的知识，你们在之后一定会进行化学实验，如果有酸性物质溅到了黑色衣服上，衣服就会被烧出一个红色的点。如果将氨水涂抹在红色点子上，就能把这个点子消除掉，让衣服的颜色恢复。

“氨水我们刚才也提到过，就是氨的水溶液，这种液体是无色的并且带有恶臭的，味道发涩，和石灰水和草木灰水是同样的味道，并且也能将红色的石蕊试纸变为蓝色，能将紫罗兰等蓝色花变成绿色。如果我们被蝎子、黄蜂、蜜蜂等蛰到了，可以在伤口涂抹一些氨水，就可以缓解疼痛，将毒素的作用降低或清除，并且在被毒蛇咬到时如果用氨水涂抹伤口，甚至还能够将毒带来的损害降低。

“氨和氨水中都有大量氮，所有植物中也都存在氮，氮是植物最需要的元素之一。粪便在腐败后会产生大量氨，所以以前在给农作物施肥的时候一般都用粪肥。但是到目前为止，人们对肥料的研究已经有了非常大的进步，人工的肥料中不仅含有氮，还含有硫酸钾和磷酸钙等，能够给植物提供磷、钾、钙等对植物的生长来说同样重要的元素。”